环境化学实验

主编 罗利军 杨 志 熊华斌 谭 伟 王 访

科 学 出 版 社

北 京

内 容 简 介

环境化学实验是环境科学与工程相关专业的重要实验课。本书在实验的编排上，主要由基础实验和综合实验两部分组成。基础实验由水篇、大气篇和土壤篇构成，主要涉及水、大气、土壤等环境介质中化学物质的特性、存在状态、环境行为及迁移转化规律等，并涉及部分污染控制化学的内容。综合实验是设计性、研究性实验。全书共27个实验，是本书的核心内容，每个实验包括实验目的、实验原理、仪器与试剂、实验步骤、数据处理、注意事项、思考题和参考文献。另外，本书提供了水、大气和土壤等的相关环境质量标准，为环境化学中污染物检测和环境监测实验提供参考。

本书注重学生在环境领域基本实验技术的培养和环境化学领域新的研究动态的介绍，可为《环境化学》提供较好的实验素材及内容，满足普通高等院校的实验要求，可供环境科学与工程专业师生和相关技术人员参考使用。

图书在版编目（CIP）数据

环境化学实验 / 罗利军等主编. —北京：科学出版社，2020.11（2021.9 重印）

ISBN 978-7-03-066612-3

Ⅰ. ①环… Ⅱ. ①罗… Ⅲ. ①环境化学—化学实验 Ⅳ. ①X13-33

中国版本图书馆 CIP 数据核字（2020）第 211386 号

责任编辑：郑述方 / 责任校对：杜子昂
责任印制：罗 科 / 封面设计：墨创文化

科 学 出 版 社 出版
北京东黄城根北街 16 号
邮政编码：100717
http://www.sciencep.com
成都锦瑞印刷有限责任公司印刷
科学出版社发行 各地新华书店经销
*
2020 年 11 月第 一 版 开本：787×1092 1/16
2021 年 9 月第二次印刷 印张：8 3/4
字数：207 000

定价：38.00 元

（如有印装质量问题，我社负责调换）

本书编委会

主　编： 罗利军　杨　志　熊华斌

谭　伟　王　访

编　委： 李文义　李晓芬　高云涛

王红斌　刘天成　王博涛

前　言

随着社会的高速发展和人民生活水平的不断提高，日益突出的环境问题越来越受到人们的广泛关注。“环境化学实验”是“环境化学”理论课程的重要实践环节，其目的是通过测定环境中污染物的浓度或形态变化，了解和掌握污染物的环境化学行为。然而，随着环境学科的不断发展，环境化学所涉及的研究方法和实验手段也在不断改进。为了满足人们学习和掌握环境化学实验原理与技术的需要，我们完成了本书的编写。

本书注重对环境科学和环境工程专业学生实验技能的培养和提升，同时，实验内容也反映了本学科发展的新动态。本书的实验内容涉及水、大气、土壤等环境介质中化学物质的特性、存在状态、环境行为及迁移转化规律等方面，并涉及部分污染控制化学的内容。本书共有三个部分：第一部分为基础实验，包括水、大气和土壤环境化学实验，注重基本原理、基本操作和实验过程中对学生思维能力的培养；第二部分为综合实验，主要目的是培养学生分析和解决复杂环境问题的实践能力和创新意识；第三部分为水、大气、土壤的环境标准附录，均为生态环境部现行的最新标准，可为环境化学相关研究和实验过程中污染物检测及环境质量评价提供参考。

本书由云南民族大学环境科学与工程系部分教师在多年实验教学经验总结的基础上，以现有的实验讲义为蓝本，结合具体的实验教学条件，共同编写完成。在本书出版之际，我们要感谢参与编写和审稿付出辛勤劳动的各位老师。同时，在编写过程中，我们也参考了不少兄弟院校已出版的实验教材，在此一并表示感谢。我们希望本书能为环境学科的师生及环保相关从业人员提供参考。

由于编者水平有限，书中不足之处在所难免，恳请读者批评指正。

编　者

2019 年 10 月

目　　录

第一部分　基 础 实 验

第二部分　综 合 实 验

第三部分　附　　录

第一部分　基 础 实 验

水 篇

实验一 苯酚光降解速率常数的测定

有机污染物在水体中的光降解强烈地影响着它们在水中的归宿，因此，对水体中有机污染物光降解的研究已成为水环境化学的一个重要领域。水体中有机污染物光降解规律的研究主要包括两方面，一是研究其降解速率及影响因素；二是研究有机污染物降解中间产物，包括中间产物的毒性大小，因为有机污染物的光降解产物可能比污染物母体本身毒性更大。苯酚是一种常见的有机污染物，普遍存在于石油、煤气等的工业废水中，因此研究天然水中苯酚的光降解对污染控制很有意义。

一、实验目的

（1）掌握苯酚的测定方法。

（2）测定苯酚在光降解作用下的降解速率，并求得速率常数。

二、实验原理

溶于水中的有机污染物，在太阳光的作用下发生化学键的断裂而被分解，不断产生自由基，其过程如下：

$$RH \longrightarrow H\cdot + R\cdot \tag{1-1}$$

除产生活性自由基外，水体中还常存在单线态氧，使得天然水中的有机污染物不断被氧化，最终生成 CO_2、CH_4 和 H_2O 等小分子物质。因此，光降解是天然水体有机污染物的自净途径之一。天然水体中有机污染物的光降解速率，可用式（1-2）表示：

$$-\frac{\mathrm{d}C}{\mathrm{d}t} = K[\mathrm{O}_x] \tag{1-2}$$

式中，C 为天然水中苯酚的浓度；$[\mathrm{O}_x]$为天然水中的氧化基团浓度，一般为定值，认为其在反应过程中保持不变；K 为比例系数。

式（1-2）积分得

$$\ln\frac{C_0}{C_t} = K[\mathrm{O}_x]t = K't \tag{1-3}$$

式中，C_0 为天然水中苯酚的起始浓度；C_t 为光照 t 时刻苯酚的浓度；K' 为光降解曲线的斜率，即光降解速率常数。绘制 $\ln\frac{C_0}{C_t}$-t 关系曲线，可求得 K'。

本实验在含有苯酚的蒸馏水溶液中加入 H_2O_2，模拟含苯酚废水的光降解实验。利用

4-氨基安替比林（$C_{11}H_{13}N_3O$，4-AAP）法测定苯酚的浓度，测定原理为酚类化合物与4-氨基安替比林在碱性条件下（pH 10.0±0.2），用铁氰化钾［$K_3Fe(CN)_6$］作氧化剂，发生络合反应产生红色的安替比林染料，在波长510nm处有最大吸收，测定其吸光度。

$$\begin{array}{l} H_3C-C=C-NH_2 \\ H_3C-N\quad C=O \\ \qquad N \\ \qquad C_6H_5 \end{array} + \bigcirc\!\!-OH \xrightarrow[pH\,10.0\pm0.2]{K_3Fe(CN)_6} \begin{array}{l} H_3C-C=C-NH-\bigcirc\!\!=O \\ H_3C-N\quad C=O \\ \qquad N \\ \qquad C_6H_5 \end{array} \qquad (1\text{-}4)$$

三、仪器与试剂

1. 仪器

光降解实验装置（图1-1）；紫外-可见分光光度计。

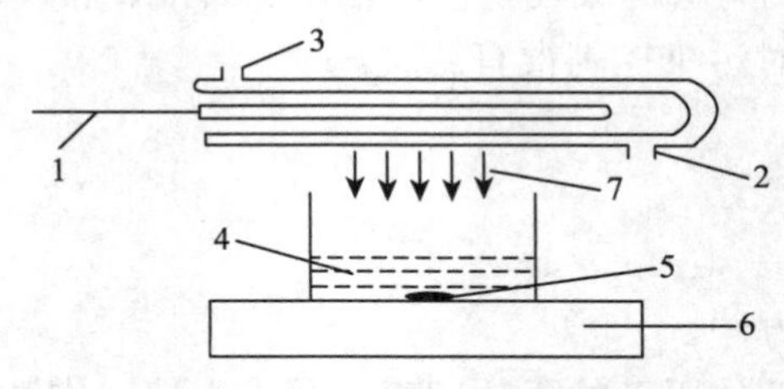

图1-1 光降解实验装置图

1. 400W高压汞灯；2和3. 分别为石英水套的进水口和出水口；4. 污染物（含苯酚废水）；5. 搅拌子；6. 磁力搅拌器；7. 光线

2. 试剂

（1）1000mg/L苯酚标准储备液：称取1.0000g精制苯酚，用无酚蒸馏水溶解，转移至1L褐色容量瓶中，用无酚蒸馏水稀释至刻度，1mL此溶液相当于1mg苯酚。

（2）50mg/L苯酚标准中间液：取苯酚标准储备液5.00mL用容量瓶稀释至100mL。

（3）氨-氯化铵缓冲溶液：称取20g氯化铵溶于100mL浓氨水中。

（4）1% 4-氨基安替比林溶液：称取1g 4-氨基安替比林溶于水，稀释至100mL，储于棕色瓶中，在冰箱内可保存1周。

（5）4%铁氰化钾溶液：称取4g铁氰化钾溶于水，稀释至100mL，储于棕色瓶中，在冰箱内可保存1周。

（6）0.36% H_2O_2溶液：取3.00mL浓H_2O_2（30%）稀释至250mL。

（7）待降解苯酚溶液：取1000mg/L的苯酚标准储备液25.00mL于500mL容量瓶中，用二次蒸馏水稀释至刻度，摇匀待用。

四、实验步骤

1. 绘制苯酚吸光度对浓度的标准曲线

分别取50mg/L的苯酚标准中间液0.00mL、0.50mL、1.50mL、2.00mL和2.50mL于

25mL 比色管中，依次加入少量二次蒸馏水、0.50mL 缓冲溶液、1.00mL 1% 4-氨基安替比林溶液，混匀，再加入 1.00mL 4%铁氰化钾溶液，混匀，稀释定容至 25.00mL，放置 15min 后，在分光光度计 510nm 波长处，用 1cm 比色皿，以空白溶液为参比，测量吸光度。以吸光度对浓度作图绘制标准曲线。

2. 光降解实验

（1）将 500mL 待降解的苯酚溶液置于 1000mL 烧杯中，加入 2.0mL 0.36%的 H_2O_2 溶液，混匀，此溶液即为模拟的含苯酚天然水样。

（2）按装置图 1-1 所示，把 400W 高压汞灯放入石英冷阱中，开启循环冷凝水，然后把上述水样置于磁力搅拌器上，开启磁力搅拌器，打开高压汞灯控制器进行降解实验。分别在 0min、10min、20min、30min、40min、50min、60min 时取 5.00mL 样品于 25mL 比色管中，按实验步骤 1 测定吸光度。

五、数据处理

（1）绘制标准曲线，获得回归方程，并由标准曲线计算不同时间光降解溶液中苯酚所对应的浓度值。

（2）以 $\ln(C_0/C_t)$为纵坐标，时间为横坐标，绘制 $\ln(C_0/C_t)$-t 曲线，曲线斜率即为光降解速率常数。

六、注意事项

（1）进行光降解实验时，先开启冷凝水，再打开高压汞灯控制器。

（2）汞灯关闭 5min 后才能重新启动，否则会缩减其使用寿命。

七、思考题

（1）制作模拟的含苯酚天然水样时，为什么要加入 H_2O_2？如果不加 H_2O_2，对实验结果有何影响？

（2）研究苯酚的光降解有何实际意义？

（3）影响有机污染物光降解速率常数的因素有哪些？试举例说明。

参 考 文 献

董德明, 朱利中. 2009. 环境化学实验[M]. 第二版. 北京: 高等教育出版社.

江锦花. 2011. 环境化学实验[M]. 北京: 化学工业出版社.

张燕. 2009. 天然水体中 pH 对酚类污染物光解的影响[D]. 大连: 大连理工大学.

实验二　水中苯系物的挥发速率

水环境中有机污染物随自身的物理化学性质和环境条件的不同而具有不同的迁移和转化方式，如挥发、微生物降解、生物富集、光降解、水解及吸附等。挥发作用是指有机物从溶解态转向气态的过程，如从水相转移至气相或从土壤中转移至气相等行为。研究表明，挥发作用是疏水性有机污染物，特别是高挥发性有机污染物自水体进入空气的主要迁移途径。

水中有机污染物的挥发符合一级动力学方程，其挥发速率常数可通过实验求得，其数值的大小受温度、污染物的结构和性质、其他污染物的存在以及水和水体表面大气的物理性质（如流速、深度和湍流等）影响。测定水中有机污染物的挥发速率，对研究其在环境中的归趋具有重要意义。描述水中有机污染物挥发过程的理论有双膜理论、C. T. Chiou 挥发速率模式和 D. Mackay 挥发速率模式等多种理论。本实验以 C. T. Chiou 等修正的 Knudsen 方程作为理论依据。

一、实验目的

（1）了解影响有机污染物挥发速率的主要因素。

（2）了解有机污染物的挥发过程及其规律。

（3）掌握水中有机污染物挥发速率的测定方法。

二、实验原理

水中有机物的挥发符合一级动力学方程，即

$$-\frac{\mathrm{d}C}{\mathrm{d}t}=K_{\mathrm{v}}C \tag{2-1}$$

式中，K_{v} 为挥发速率常数；C 为水中有机物的浓度；t 为挥发时间。

由此可求得有机物挥发一半所需的时间（$t_{1/2}$）为

$$t_{1/2}=\frac{0.693}{K_{\mathrm{v}}}C \tag{2-2}$$

C. T. Chiou 等提出的有机物挥发速率方程为

$$Q=\alpha\beta P\left(\frac{M}{2\pi RT}\right)^{\frac{1}{2}} \tag{2-3}$$

式中，Q 为单位时间、单位面积的挥发量；α 为有机物在该液体表面的浓度与在本体相中浓度的比值；β 为与大气压及空气湍流有关的挥发系数（无量纲），表示在一定的空气压力及湍流的情况下，空气对该组分挥发的阻力；P 为在实验温度下有机物的分压，Pa；

M 为有机物的摩尔质量，g/moL；R 为摩尔气体常量，8.314J/(moL·K)；T 为热力学温度，K。

根据亨利常数的定义：

$$H=\frac{P}{C} \tag{2-4}$$

$$C=\frac{S\times\rho\times1000}{M} \tag{2-5}$$

因此，

$$Q=\alpha\beta H\left(\frac{M}{2\pi RT}\right)^{\frac{1}{2}}C=kC \tag{2-6}$$

$$k=\alpha\beta H\left(\frac{M}{2\pi RT}\right)^{\frac{1}{2}} \tag{2-7}$$

式中，H 为亨利常数，指一定温度下溶液处于平衡时该物质气体分压与溶于定量液体中的气体量的比值，有机物在气液两相中的迁移方向和速率主要取决于亨利常数的大小；C 为溶液中有机物的物质的量浓度；ρ 为有机物的密度；M 为有机物的摩尔质量；S 为溶解度，%；k 为有机物的传质系数。如果 L 为溶液在一定截面积的容器中的高度，则传质系数与挥发速率常数的关系如式（2-8）和式（2-9）所示。

$$K_v=\frac{k}{L}=\frac{\alpha\beta H(M/2\pi RT)^{1/2}}{L} \tag{2-8}$$

$$\alpha=\frac{0.693L}{t_{1/2}\beta H(M/2\pi RT)^{1/2}} \tag{2-9}$$

因此，只要求得某种有机物的传质系数 k，就能求得挥发速率常数 K_v。具体来说，就是如何得到 α 和 β 的数值。下面分两种情况进行讨论。

（1）纯物质的挥发：纯物质没有浓度梯度存在，所以 $\alpha=1$，$P=P^0$（P^0 为纯物质的饱和蒸气压）。此时，$Q=\beta P^0(M/2\pi RT)^{1/2}$。因此，可以从纯物质的挥发损失确定出各种有机物的 β 值。其中，真空中，$\beta=1$；空气中，由于空气阻力的影响，$\beta<1$。

（2）稀溶液中溶质的挥发：在稀溶液情况下，关键在于求得 α 的数值（β 值与纯物质相同）。如果溶质的挥发性较小，$\alpha=1$；如果溶质的挥发性较强，化合物在液体表面的浓度与在本体相中浓度相差较大，则 $\alpha<1$。根据 $Q=\alpha\beta H(M/2\pi RT)^{1/2}C$，利用从纯物质的测定中获得的 β 值（保持不变）和此时测得的 Q 值及 H 值，即可求得 α 值。

三、仪器与试剂

1. 仪器

紫外分光光度计；分析天平；不锈钢盘（直径 12mm，高 10mm）；玻璃培养皿（直径 20mm）；容量瓶（5mL、10mL 和 250mL）。

2. 试剂

苯：分析纯；甲苯：分析纯；甲醇：分析纯。

四、实验步骤

1. 纯物质挥发速率的测定

用不锈钢盘作为样品容器，分别加入适量的待测物质（苯、甲苯）以减少器壁高度的影响。将容器置于分析天平中，打开两边天平门，以防蒸气饱和。每隔30s读取准确质量一次，共测10次，并计算容器截面积。

若室内环境温度和相对湿度波动较大，关闭天平的门，并在较短的时间间隔内完成测定。

2. 溶液中有机物挥发速率的测定

（1）储备液的配制：准确称取苯和甲苯各0.1g，分别置于2个10mL的容量瓶中，用甲醇稀释至刻度。两种溶液的浓度均为10mg/mL。

（2）中间液的配制：取上述储备液各5.00mL分别置于2个250mL的容量瓶中，用水稀释至刻度。此溶液的浓度为200mg/L。

（3）标准曲线的绘制：分别取苯中间液0.00mL、0.25mL、0.50mL、1.00mL、1.50mL和2.00mL于10mL的容量瓶内，用水稀释至刻度。其浓度分别为0.00mg/mL、5.00mg/mL、10.00mg/mL、20.00mg/mL、30.00mg/mL和40.00mg/mL。将该组溶液用紫外分光光度计，于波长为205nm处，以水为参比，测定其吸光度。以浓度为横坐标，吸光度为纵坐标作图，绘制苯的标准曲线。按同样的方法绘制甲苯的标准曲线（甲苯的测定波长为205nm）。

（4）将剩余的苯和甲苯的中间液分别倒入2个玻璃培养皿内，量出溶液高度及玻璃培养皿的直径，计算其表面积，并记录温度。让其自然挥发，每隔10min取样一次，共取10次，每次取0.50mL，用水稀释定容至5mL容量瓶，测定吸光度。

五、数据处理

（1）计算纯物质的挥发量（Q）：根据纯物质的挥发损失量（W）和挥发容器的面积（A）及挥发时间（t），求出Q值，$Q = W/(A \cdot t)$。

（2）求亨利常数（H）：根据表2-1～表2-4绘制有机物蒸气压-温度及溶解度-温度关系曲线，用内插法从曲线上找出该化合物在实验温度下的蒸气压（P）和溶解度（S），由式（2-4）和式（2-5）求得H。

表 2-1　不同温度下苯的蒸气压

T/℃	0	10	20	30	40	50	60	65	73
P/(×133.22Pa)	26	46	76	122	184	273	394	463	600

表 2-2　不同温度下甲苯的蒸气压

T/℃	0	20	45	50	60	70	80	100
P/(×133.22Pa)	6.5	22	56	93.5	141.5	203	292.5	588

表 2-3　不同温度下苯的溶解度

T/℃	5.4	10	20	30	40	50	60	70
S/%	0.0335	0.041	0.057	0.082	0.114	0.155	0.205	0.270

表 2-4　不同温度下甲苯的溶解度

T/℃	0	10	20	25	30	40	50
S/%	0.027	0.035	0.045	0.050	0.057	0.075	0.10

（3）求β值：对于纯物质，$\alpha=1$，将以上求得的Q代入式（2-3），即可求得β值。

（4）求半衰期（$t_{1/2}$）：从标准曲线上查得苯和甲苯在不同时间的浓度，绘制$\lg(C_0/C_t)$-t关系曲线，斜率为b，$t_{1/2}=0.693b$。

（5）求α值：由已求得的β、H、$t_{1/2}$及试样高度L，利用式（2-9）求出苯和甲苯的α。

（6）求挥发速率常数（K_v）：由式（2-7）求得传质系数（k），由$K_v=k/L$，即可分别求出苯和甲苯的K_v。

六、思考题

（1）比较苯和甲苯的挥发速率的大小，说明原因。

（2）天然环境中，影响挥发过程的因素有哪些？本实验中考虑了哪些因素？

（3）C. T. Chiou 所建立的挥发速率模式与经典的双膜理论有什么不同？

（4）可以用哪些方法估算挥发速率常数？

参考文献

董德明，朱利中. 2009. 环境化学实验[M]. 第二版. 北京：高等教育出版社.

康春莉，徐自立，马小凡. 2000. 环境化学实验[M]. 长春：吉林大学出版社.

孔令仁. 1990. 环境化学实验[M]. 南京：南京大学出版社.

刘妙丽. 2007. 水中苯和甲苯挥发速率的研究[J]. 四川师范大学学报(自然科学版), 30(5): 660-662.

实验三　对硝基苯甲腈水解速率常数的测定

水解是水中的有机污染物与水分子间发生相互作用的过程，是污染物重要的迁移转化过程之一。进入环境中的有毒有机污染物常会发生水解，改变了原有污染物的性质。有机污染物的水解与其在环境中的持久性密切相关，是研究有机污染物在环境中的归趋和转化机理的重要依据之一，也是评价有机污染物在水体中残留特性的一项重要指标。有机污染物的水解速率与水温、水体 pH 及盐度有关，水中的悬浮物、底泥对水解反应有吸附催化作用。本实验以对硝基苯甲腈为例，介绍有机污染物水解速率常数的测定方法。

一、实验目的

（1）了解有机污染物水解的环境意义。

（2）掌握测定有机污染物水解速率常数的方法。

二、实验原理

有机污染物的水解研究一般在实验室条件下进行。首先将化合物配制成一定初始浓度的水溶液，恒温，然后在不同时间取出一部分水样，测定待测化合物的含量，最后将测得的一系列浓度采用一级反应动力学方程进行回归分析，求得有机化合物的水解半衰期和水解反应速率常数。

对硝基苯甲腈水解反应式为

$$NO_2C_6H_4CN + 2H_2O = NO_2C_6H_4COOH + NH_3 \tag{3-1}$$

其中，溶液中的水分子、氢离子和氢氧根离子，均影响对硝基苯甲腈的水解反应，相应的反应式如式（3-2）～式（3-4）所示：

$$NO_2C_6H_4CN \xrightarrow[H^+]{\text{酸性水解}} NO_2C_6H_4COOH + NH_4^+ \quad \text{水解速率常数 } K_a \tag{3-2}$$

$$NO_2C_6H_4CN \xrightarrow[H_2O]{\text{中性水解}} NO_2C_6H_4COOH + NH_3 \quad \text{水解速率常数 } K_n \tag{3-3}$$

$$NO_2C_6H_4CN \xrightarrow[OH^-]{\text{碱性水解}} NO_2C_6H_4COO^- + NH_3 \quad \text{水解速率常数 } K_b \tag{3-4}$$

$$\begin{aligned} -\frac{d[NO_2C_6H_4CN]}{dt} &= (K_n + K_a[H^+] + K_b[OH^-]) \times [NO_2C_6H_4CN] \\ &= K_h[NO_2C_6H_4CN] \end{aligned} \tag{3-5}$$

式中，

$$K_h = K_n + K_a[H^+] + K_b[OH^-] \tag{3-6}$$

如果在一定温度下保持 pH 恒定，则$[H^+]$和$[OH^-]$可视为常数并代入速率常数计算式［式（3-5）］中，这样对硝基苯甲腈的水解反应可简化为一级反应，其积分结果用一级反应通式表示：

$$\ln\frac{C_t}{C_0}=-\kappa t \tag{3-7}$$

式中，C_0 为对硝基苯甲腈初始浓度；C_t 为水解某一时刻对硝基苯甲腈的浓度；t 为水解时间；κ 为水解速率常数。

测定水解不同时刻对硝基苯甲腈的浓度，即可求出其水解速率常数。

三、仪器与试剂

1. 仪器

高效液相色谱仪（254nm 紫外检测器）；酸度计；温度指示控制仪；恒温水浴锅；电动搅拌器。

2. 试剂

（1）甲醇：分析纯。

（2）二氯甲烷：分析纯。

（3）无水乙醇：分析纯。

（4）0.2mol/L 氢氧化钠储备液：称取 8.0g 氢氧化钠于 1000mL 烧杯中稀释至刻线。

（5）0.2mol/L 氯化钠储备液：称取 11.688g 氯化钠溶于水中，在 1000mL 容量瓶中稀释至刻度。

（6）0.1mol/L 磷酸二氢钾储备液：称取 13.616g 磷酸二氢钾溶于水中，在 1000mL 容量瓶中稀释至刻度。

（7）0.2mol/L 氯化钾储备液：称取 14.912g 氯化钾溶于水中，在 1000mL 容量瓶中稀释至刻度。

（8）pH = 7 的缓冲液：取 145.5mL 0.2mol/L 氯化钠储备液和 500.0mL 0.1mol/L 磷酸二氢钾储备液混合，在 1000mL 容量瓶中用水稀释至刻度。用酸度计测定其 pH。

（9）pH = 12 的缓冲液：取 250.0mL 0.2mol/L 氯化钾储备液和 600.0mL 0.2mol/L 氢氧化钠储备液混合，在 1000mL 容量瓶中用水稀释至刻度。用酸度计测定其 pH。

（10）对硝基苯甲腈溶液：称取 0.2500g 对硝基苯甲腈，溶于无水乙醇，在 100mL 容量瓶中稀释至刻度。

四、实验步骤

用量筒量取 80mL pH = 12 的缓冲液，移入 100mL 具塞锥形瓶中，塞上瓶塞，置于 40℃ 水浴锅中恒温 30min，然后加入对硝基苯甲腈溶液 0.8mL，摇匀。立刻吸取 5.00mL 水解液置于已加有 2.00mL 二氯甲烷的 10mL 分液漏斗中，振荡萃取 2min，静置分层后，将二氯甲烷层移入 10mL 容量瓶中，用甲醇稀释至刻度，用高效液相色谱仪测定其浓度，记下水解 0min 时刻的峰面积。在水解进行到 10min、20min、30min、40min、50min、60min

和 70min 时从锥形瓶中各取样一次，操作同上。按上述方法，同样进行 pH = 7 时的水解实验。

分别测定各样品的色谱峰面积，令水解开始时的峰面积为 A_0，则 A_t 为水解 t 时刻的峰面积。

五、数据处理

1. 绘制水解曲线

由于 $\ln\frac{A_t}{A_0}=\ln\frac{C_t}{C_0}$，所以 $\ln\frac{C_t}{C_0}=-\kappa t$ 可以变换成 $\ln\frac{A_t}{A_0}=-\kappa t$，以 $\ln\frac{A_t}{A_0}$ 为纵坐标，水解时间 t 为横坐标，绘制水解曲线。比较不同 pH 的水解曲线。

2. 由水解曲线求出水解速率常数 κ

水解曲线呈直线，则直线斜率的绝对值为水解速率常数。

3. 计算水解半衰期 $t_{1/2}$

水解半衰期是指有机物水解一半所需要的时间，计算式为

$$t_{1/2}=\frac{0.693}{\kappa} \tag{3-8}$$

六、注意事项

（1）pH 的误差是测定水解速率常数的主要误差来源之一，必须严格控制溶液的 pH。

（2）应严格控制温度，温度有 0.2℃的误差将导致 κ 值有 2%的误差，温度有 1℃的误差将导致 κ 值有 10%的误差。

（3）缓冲液与加入的对硝基苯甲腈溶液的体积之比小于 100∶1，溶剂效应忽略不计。

七、思考题

（1）水解实验为何要在缓冲液中进行？

（2）推测对硝基苯甲腈在 pH＞7 的水体中的持久性。

参考文献

董德明, 花修艺, 康春莉. 2010. 环境化学实验[M]. 北京: 北京大学出版社.

董德明, 朱利中. 2009. 环境化学实验[M]. 第二版. 北京: 高等教育出版社.

李元. 2007. 环境科学实验教程[M]. 北京: 中国环境科学出版社.

实验四　有机化合物的正辛醇-水分配系数

正辛醇是一种长链烷基醇，在结构上与生物体内的碳水化合物和脂肪类似。因此，可用正辛醇-水分配体系来模拟和研究生物-水体系。有机化合物的正辛醇-水分配系数(K_{ow})是指平衡状态下有机化合物在正辛醇相和水相中的浓度比值，反映了化学物质在水相和有机相间的迁移能力，是描述有机化合物在环境中行为的重要物理化学特性参数。研究表明，K_{ow}与有机化合物的溶解度(S)、土壤吸附常数(k)和生物浓缩因子(bioconcentration factor，BCF）均有很好的相关性，可评价有机污染物在生物体内迁移、分配和归趋等环境化学行为。K_{ow}还与化合物在体内的吸收、分配、代谢和排泄相关，决定了化合物在生物组织中的活性和毒性（风险评价）。通过对某一有机化合物 K_{ow} 的测定，可提供该化合物在环境行为方面的重要信息，特别是对于评价该化合物在环境中的危险性起着重要作用。目前，测定 K_{ow} 的方法有振荡法、产生柱法和高效液相色谱法。其中振荡法实验操作简单，是普遍采用的方法。

一、实验目的

（1）掌握 K_{ow} 的测定意义。

（2）掌握振荡法测定对二甲苯 K_{ow} 的原理和方法。

二、实验原理

K_{ow}是指在平衡状态下，有机化合物在正辛醇相与水相中的浓度比值。

$$K_{ow} = \frac{C_o}{C_w} \tag{4-1}$$

式中，K_{ow}为正辛醇-水分配系数；C_o和 C_w 分别为有机化合物在正辛醇相和水相中的平衡浓度。

本实验采用振荡法，首先使对二甲苯在正辛醇和水的混合相中达到平衡，然后进行离心分离，测定水相中对二甲苯的平衡浓度，由此求得 K_{ow}。

$$K_{ow} = \frac{C_o}{C_w} = \frac{C_0V_o - C_wV_w}{C_wV_o} \tag{4-2}$$

式中，C_o 和 C_w 分别为平衡时对二甲苯在正辛醇相和水相中的平衡浓度；C_0 为对二甲苯的初始浓度；V_o 和 V_w 分别为实验中加入的正辛醇相和水相的体积。

三、仪器与试剂

1. 仪器

紫外分光光度计；恒温振荡器；离心机；10mL 比色管；5mL 带针头的玻璃注射器；10mL、25mL 容量瓶。

2. 试剂

对二甲苯：分析纯；无水乙醇：分析纯；正辛醇：分析纯。

四、实验步骤

1. 标准曲线的绘制

用移液管移取 1.00mL 对二甲苯于 10mL 容量瓶中，用无水乙醇稀释至刻线，摇匀。用 1mL 移液管取该溶液 0.10mL 于 25mL 容量瓶中，再用无水乙醇稀释至刻线，摇匀，此时溶液浓度为 400μL/L。在 5 个 25mL 容量瓶中各加入 400μL/L 对二甲苯 1.00mL、2.00mL、3.00mL、4.00mL 和 5.00mL，用二次蒸馏水稀释至刻线，摇匀。在紫外分光光度计上于波长 227nm 处，以水为参比，测定其吸光度。利用所测得的标准系列的吸光度值对浓度作图，绘制标准曲线。

2. 溶剂的预饱和

在测定 K_{ow} 前，将 20mL 正辛醇和 200mL 二次蒸馏水在振荡器上振荡 24h，使其相互饱和，静置分层后，用分液漏斗将两相分离，分别保存备用。

3. 平衡时间的确定及分配系数的测定

（1）准确移取 0.40mL 对二甲苯于 10mL 容量瓶中，用上述处理过的被水饱和的正辛醇稀释至刻线，该溶液浓度为 4.00×10^4μL/L。

（2）分别移取 1.00mL 浓度为 4.00×10^4μL/L 的对二甲苯溶液于 6 个 10mL 具塞比色管中，加入被正辛醇饱和的二次蒸馏水至刻线，盖紧塞子，置于振荡器上振荡 0.5h、1.0h、1.5h、2.0h、2.5h 和 3.0h，取出，4000r/min 离心分离 10min，用紫外分光光度计测定水相吸光度。取水样时，为了避免正辛醇的污染，可先利用带针头的 5mL 玻璃注射器吸入部分空气，当注射器通过正辛醇相时，轻轻排出空气，在水相中吸入适量溶液后，立即抽出注射器，取下注射针头后即可注入石英比色皿中进行测定。

五、数据处理

（1）根据不同时间对二甲苯在水相中的浓度，绘制对二甲苯平衡浓度随时间的变化曲线，由此确定实验所需要的平衡时间。

（2）利用达到平衡时对二甲苯在水相中的浓度，按式（4-2）计算其 K_{ow}。

六、注意事项

由于上层为正辛醇相，且其浓度远高于下层水相，取水相样品进行测定时，常污染水相样品，造成较大的误差。

七、思考题

（1）K_{ow} 是指化合物在正辛醇相和水相中的溶解度之比吗？为什么？
（2）K_{ow} 的测定有何意义？
（3）振荡法测定有机化合物的 K_{ow} 有哪些优缺点？

参 考 文 献

陈红萍，刘永新，梁英华. 2004. 正辛醇/水分配系数的测定及估算方法[J]. 安全与环境学报，(S1): 82-86.
董德明，朱利中. 2009. 环境化学实验[M]. 第二版. 北京：高等教育出版社.
何艺兵，赵元慧，王连生，等. 1994. 有机化合物正辛醇/水分配系数的测定[J]. 环境化学，(3): 195-197.
李永远. 2013. 萘、甲苯、二甲苯的正辛醇水分配系数测定及分析[J]. 科技创业月刊，26(2): 182-184.
刘沐生. 2012. 对二甲苯正辛醇-水分配系数的测定[J]. 光谱实验室，29(6): 3532-3535.
乔燕. 2007. 部分芳香烃衍生物的正辛醇/水分配系数测定及估算[D]. 天津：天津大学.

实验五　水体富营养化程度的评价

富营养化是指在人类活动的影响下，生物所需的氮、磷及其他无机营养盐等大量进入湖泊、河口、海湾等缓流水体，造成营养盐过多而引起藻类及其他浮游生物迅速繁殖，水体中溶解氧量下降，水质恶化，鱼类及其他生物大量死亡的现象。在自然条件下，湖泊也会从贫营养状态过渡到富营养状态，沉积物不断增多，先变为沼泽，后变为陆地。这种自然过程非常缓慢，需几千年甚至上万年时间，然而人为排放含营养物质的生活污水和工业废水所引起的水体富营养化现象，可以在短期内出现。水体出现富营养化现象时，浮游藻类大量繁殖，形成水华（淡水水体中藻类大量繁殖的一种自然生态现象）。因占优势的浮游藻类的颜色不同，水面往往呈现蓝色、红色、棕色、乳白色等。这种现象在海洋中则称作赤潮或红潮。例如，滇池、太湖和巢湖是我国典型的极度富营养化湖泊。水体富营养化后，即使切断外来营养物质的来源，也很难自净和恢复到正常水平。

植物营养物质的来源广、数量大，有生活污水、农业面源、工业废水、垃圾等。生活污水中的磷主要来源于洗涤废水，而施入农田的化肥有大部分流入江河、湖海和地下水体中。

许多参数可用作水体富营养化的指标，常用的是生产率、总磷和叶绿素 a 含量的大小，见表 5-1。

表 5-1　水体富营养化程度划分

富营养化程度	生产率/[mg O_2/(m^2·d)]	总磷/(μg/L)	叶绿素 a/(μg/L)
极贫	0～136	＜0.005	＜4
贫～中	—	0.005～0.010	—
中	137～409	0.010～0.030	4～10
中～富	—	0.030～0.100	—
富	410～547	＞0.100	10～100

一、实验目的

（1）掌握总磷、叶绿素 a 及生产率的测定原理和方法。

（2）评价水体的富营养化状况。

二、实验原理

1. 磷的测定原理

在酸性溶液中，将各种形态的磷转化成磷酸根离子（PO_4^{3-}），然后用钼酸铵和酒石酸锑钾与之反应，生成磷钼锑杂多酸，再用抗坏血酸将其还原为深色钼蓝。

砷酸盐与磷酸盐一样也能生成钼蓝，0.1μg/mL 的砷就会干扰测定。六价铬、二价铜和亚硝酸盐能氧化钼蓝，使测定结果偏低。

2. 生产率的测定原理

绿色植物的生产率是光合作用的结果，与氧的产生量成比例。因此，测定水体中的氧含量可看作对生产率的测量。然而，在任何水体中都有呼吸作用存在，该作用要消耗一部分氧气。因此在计算生产率时，还必须测定因呼吸作用所损失的氧气。本实验采用测定 2 只无色瓶和 2 只深色瓶中相同样品内溶解氧变化量的方法测定生产率。此外，测定无色瓶中氧气的减少量，以提供校正呼吸作用的数据。

3. 叶绿素 a 的测定原理

测定水体中叶绿素 a 的含量，可估计该水体中绿色植物的量。将色素用丙酮萃取，测定其吸光度，便可测出叶绿素 a 的含量。

三、仪器与试剂

1. 仪器

可见分光光度计；1mL、2mL、10mL 移液管；100mL、250mL 容量瓶；250mL 锥形瓶；50mL 比色管；250mL 溶解氧瓶；0.22μm 玻璃纤维滤膜。

2. 试剂

（1）过硫酸铵（固体）。

（2）2mol/L 硫酸溶液。

（3）2mol/L 盐酸溶液。

（4）6mol/L 氢氧化钠溶液。

（5）1%酚酞：将 1g 酚酞溶于 90mL 乙醇中，加水至 100mL。

（6）90%丙酮溶液：丙酮与水的体积比为 9∶1。

（7）酒石酸锑钾溶液：将 4.4g $K(SbO)C_4H_4O_6 \cdot 1/2H_2O$ 溶于 200mL 蒸馏水中，用棕色试剂瓶在 4℃下保存。

（8）钼酸铵溶液：将 20g $(NH_4)_6Mo_7O_{24} \cdot 4H_2O$ 溶于 500mL 蒸馏水中，用塑料瓶在 4℃下保存。

（9）0.1mol/L 抗坏血酸溶液：溶解 1.76g 抗坏血酸于 100mL 蒸馏水中，转入棕色试剂瓶，4℃下可保存一周。

（10）混合试剂：取 50mL 2mol/L 硫酸溶液、5mL 酒石酸锑钾溶液、15mL 钼酸铵溶液和 30mL 抗坏血酸溶液。混合前，先让上述溶液达到室温，并按上述次序混合。在加入酒石酸锑钾溶液或钼酸铵溶液后，如混合试剂有浑浊，需摇动混合试剂，并放置数分钟，直到澄清为止。4℃下可保存一周。

（11）磷酸盐储备液（1.00mg/mL）：称取 1.098g KH_2PO_4，溶解后转入 250mL 容量瓶中，稀释至刻度，即得 1.00mg/mL 磷酸盐储备液。

（12）磷酸盐标准溶液：量取 1.00mL 储备液于 100mL 容量瓶中，稀释至刻度，即得含磷量为 10μg/mL 的磷酸盐标准溶液。

四、实验步骤

1. 磷的测定

（1）水样处理：水样中如有大的微粒，可用搅拌器搅拌 2～3min，使其混合均匀。量取 100mL 水样（或经稀释的水样）2 份，分别放入 250mL 锥形瓶中，另取 100mL 蒸馏水于 250mL 锥形瓶中作为对照，分别加入 1mL 2mol/L 硫酸、3g 过硫酸铵，微沸约 1h，补加蒸馏水使体积为 25～50mL（如锥形瓶壁上有白色凝聚物，应用蒸馏水将其冲入溶液中），再加热数分钟。冷却后，加一滴酚酞，并用 6mol/L 氢氧化钠将溶液中和至微红色。再滴加 2mol/L 盐酸溶液使粉红色恰好褪去，转入 100mL 容量瓶中，加水稀释至刻度。移取 25mL 至 50mL 比色管中，加 1mL 混合试剂，摇匀后，放置 10min。加水稀释至刻度再摇匀，放置 10min。以试剂空白作参比，用 1cm 比色皿，于波长 880nm 处测定吸光度。

（2）标准曲线的绘制：分别吸取 10μg/mL 磷酸盐标准溶液 0.00mL、0.50mL、1.00mL、1.50mL、2.00mL、2.50mL、3.00mL 于 50mL 比色管中，加水稀释至约 25mL，加入 1mL 混合试剂，摇匀后放置 10min，加水稀释至 25mL 刻度线，再摇匀，放置 10min 后，以试剂空白作参比，用 1cm 比色皿，于波长 880nm 处测定吸光度。

2. 生产率的测定

（1）取 4 只溶解氧瓶，其中 2 只用铝箔包裹使之不透光，记作“暗”瓶，其余 2 只记作“亮”瓶。从水体上半部的中间位置取样，测量水温和溶解氧。如果此水体的溶解氧未过饱和，则浓度标记为 ρ_{Oi}，然后将水样分别注入“亮”瓶和“暗”瓶中。若水样中溶解氧过饱和，则缓缓地给水样通气，以去除过剩的氧，重新测定其中的溶解氧。

（2）从水体下半部的中间位置取水样，按上述方法进行同样的处理。

（3）将两对“亮”瓶和“暗”瓶分别悬挂在与取水样处相同的水深位置，调整使其能被阳光充分照射。一般将瓶子暴露几个小时，暴露时间为清晨至中午，或者中午至黄昏，也可清晨到黄昏。

（4）暴露期结束立即取出瓶子，逐一测定溶解氧，分别将“亮”瓶和“暗”瓶的数值记为 ρ_{Ol} 和 ρ_{Od}。

3. 叶绿素 a 的测定

（1）将 100～500mL 水样经玻璃纤维滤膜过滤，记录过滤水样的体积。将滤纸卷成香烟状，放入小瓶或离心管中。加 10mL 或足以使滤纸淹没的 90%丙酮溶液，记录体积，塞住瓶塞，并在 4℃下暗处放置 4h。如有浑浊，可离心萃取。将适量萃取液倒入 1cm 玻璃比色皿，加比色皿盖，以试剂空白为参比，分别在波长 665nm 和 750nm 处测其吸光度。

（2）加 1 滴 2mol/L 盐酸溶液于上述 2 只比色皿中，混匀并放置 1min，再在波长 665nm 和 750nm 处测定吸光度。

五、数据处理

1. 磷的浓度计算

由标准曲线查得磷的含量，按式（5-1）计算水中磷的含量。

$$\rho_P = \frac{m_P}{V} \times 10^{-3} \tag{5-1}$$

式中，ρ_P 为水中磷的质量浓度，g/L；m_P 为由标准曲线上查得的磷含量，μg；V 为测定时吸取水样的体积，mL（本实验 $V = 25.00$mL）。

2. 生产率的计算

（1）呼吸作用使氧在“暗”瓶中的量减少，减少量（R）按式（5-2）计算。

$$R = \rho_{Oi} - \rho_{Od} \tag{5-2}$$

净光合作用使氧在“亮”瓶中的量增加，增加量（P_n）按式（5-3）计算。

$$P_n = \rho_{Ol} - \rho_{Oi} \tag{5-3}$$

总光合作用生产率（P_g）包括呼吸作用和净光合作用，按式（5-4）计算。

$$P_g = (\rho_{Oi} - \rho_{Od}) + (\rho_{Ol} - \rho_{Oi}) = \rho_{Ol} - \rho_{Od} \tag{5-4}$$

（2）分别计算水体上下两部分 R、P_n、P_g 的平均值。

（3）通过式（5-5）～式（5-8）判断每单位水域总光合作用和净光合作用的日生产率。

将暴露时间修改为日周期。

$$P_g'[\text{mg O}_2/(\text{L}\cdot\text{d})] = P_g \times 每日光周期时间/暴露时间 \tag{5-5}$$

将生产率单位从 mg O_2/L 改为 mg O_2/m^2，这表示 $1m^2$ 水面下水柱的总产生率。

$$P''[\text{mg O}_2/(\text{m}^2\cdot\text{d})] = P_g \times 每日光周期时间/暴露时间 \times 10^3 \times 水深(\text{m}) \tag{5-6}$$

假设全日 24h 呼吸作用保持不变，计算日呼吸作用耗氧量。

$$R[\text{mg O}_2/(\text{m}^2\cdot\text{d})] = R \times 24/暴露时间(\text{h}) \tag{5-7}$$

计算日净光合作用生产率。

$$P_n[\text{mg O}_2/(\text{L}\cdot\text{d})] = P_g - R \tag{5-8}$$

（4）假设符合光合作用的理想方程（$CO_2 + H_2O \longrightarrow CH_2O + O_2$），将生产率的单位转换成固定碳的单位，按式（5-9）计算。

$$P_m[\text{mg C}/(\text{m}^2\cdot\text{d})] = P_n[\text{mg O}_2/(\text{L}\cdot\text{d})] \times \frac{12}{32} \tag{5-9}$$

3. 叶绿素浓度 a 的计算

叶绿素浓度 a 按式（5-10）～式（5-12）计算。

$$\text{酸化前：} A = A_{665} - A_{750} \tag{5-10}$$

$$\text{酸化后：} A_a = A_{665a} - A_{750a} \tag{5-11}$$

在 665nm 处测得的吸光度减去 750nm 处测得的吸光度是为了校正浑浊液。

用式（5-12）计算叶绿素 a 的浓度（μg/L）：

$$\rho_{\text{叶绿素a}} = \frac{29(A - A_a)V_{\text{萃取液}}}{V_{\text{样品}}} \tag{5-12}$$

式中，$\rho_{\text{叶绿素a}}$ 为叶绿素 a 的浓度，μg/L；$V_{\text{萃取液}}$ 为萃取液体积，mL；$V_{\text{样品}}$ 为样品体积，mL。

根据测定结果，评价水体富营养化程度。

六、注意事项

若水样中含有氧化性物质（如游离氯），在测定溶解氧时，应先加入相当量的硫代硫酸钠去除干扰。

七、思考题

（1）水体中氮、磷的主要来源有哪些？

（2）在计算日生产率时，有哪些主要假设？

参 考 文 献

董德明，花修艺，康春莉. 2010. 环境化学实验[M]. 北京：北京大学出版社.

董德明，朱利中. 2009. 环境化学实验[M]. 第二版. 北京：高等教育出版社.

李元. 2007. 环境科学实验教程[M]. 北京：中国环境科学出版社.

实验六　水中氟化物的测定

氟离子广泛存在于水、大气和土壤中，微量的氟是动植物不可缺少的微量元素，也是人体必需的微量元素之一，但是过量的氟对人体和动植物都有危害。人类长期饮用浓度高于 4mg/L 的含氟水容易患氟斑牙和氟骨症，甚至有可能导致慢性氟中毒，改变 DNA 结构和损害人脑神经。氟的污染主要来源于岩石、矿物等自然源，以及有色金属、焦炭、玻璃、电子设备、化工等工业生产过程中所排放的废水、废气和废渣。世界卫生组织规定的饮用水标准中氟离子的浓度为 1.5mg/L，2006 年我国发布的《生活饮用水卫生标准》规定饮用水中的氟含量不得超过 1.0mg/L。水中痕量氟的测定常采用蒸馏比色法和离子选择电极法。

一、实验目的

（1）掌握离子选择电极法测定氟离子的原理。
（2）掌握离子计的使用方法。

二、实验原理

根据《水质 氟化物的测定 离子选择电极法》（GB 7484—1987）方法，当离子强度不变时，氟离子选择电极与含氟的试液接触，电池的电动势（E）随溶液中的氟离子浓度变化而发生改变，电极电位符合 Nernst 方程：

$$E = E' - \frac{2.303RT}{F}\lg C_{F^-} \tag{6-1}$$

式中，F 为法拉第常数，96485C/mol；E 与 $\lg C_{F^-}$ 呈直线关系，$-\frac{2.303RT}{F}$ 为直线的斜率，也为电极的斜率。当测量水中的氟离子时，氟离子选择电极与饱和甘汞电极组成原电池，其符号如下：

$$Ag\,|\,AgCl, Cl^-(0.1mol/L), F^-(0.001mol/L)\,|\,LaF_3\,|\,待测试液\,||\,饱和KCl\,|\,Hg_2Cl_2\,|\,Hg$$

本方法的最低检测限为 0.05mg/L，检测上限可达 1900mg/L。

氟离子选择性电极具有较好的选择性。常见的阴离子 NO_3^-、SO_4^{2-}、PO_4^{3-}、CH_3COO^-、Cl^-、Br^-、I^-和 HCO_3^- 等不产生干扰，主要的干扰物是 OH^-。干扰反应很可能是由于在膜的表面发生如下反应：

$$LaF_3 + 3OH^- = La(OH)_3 + 3F^- \tag{6-2}$$

在测定过程中，酸度较高时，H^+可与 F^-形成 HF，降低了 F^-活度；pH 过高，La^{3+}会发生水解反应，形成 $La(OH)_3$，从而影响电极的响应，因此在测定过程中，常加入乙酸-柠檬酸钠-硝酸钠总离子强度调节缓冲溶液（TISAB）。利用乙酸缓冲溶液控制溶液的 pH，利用柠檬酸钠掩蔽常见的、能和氟离子形成稳定配位离子的 Fe^{3+}、Al^{3+}和 Sn(Ⅳ)的干扰，利用 NaCl 电解质控制试液的离子强度。

三、仪器与试剂

1. 仪器

SX3805 离子计；氟离子选择性电极；饱和甘汞电极；电磁搅拌器；50mL 容量瓶 6 个；100mL 容量瓶 1 个；1000mL 容量瓶 2 个；100mL 聚乙烯烧杯 2 个；20mL 移液管 2 支；搅拌子 1 个；吸耳球 1 个；聚乙烯试剂瓶。

2. 试剂

（1）氟化物标准储备液：准确称取 0.2210g 基准氟化钠（NaF）（预先于 105～110℃烘干 2h 或者于 500～650℃烘干约 40min，冷却），用水溶解后转入 1000mL 容量瓶中，稀释至刻线，摇匀，储存在聚乙烯试剂瓶中。此溶液每毫升含氟离子 100μg。

（2）氟化物标准溶液：用 10mL 移液管移取 10.00mL 储备液于 100mL 容量瓶，稀释至刻线，此标准溶液浓度为 10μg/L。

（3）乙酸钠溶液：称取 15g 乙酸钠（CH_3COONa）溶于水，并稀释至 100mL。

（4）1mol/L 盐酸溶液：取 8.2mL 浓盐酸至 100mL 烧杯中，稀释至 100mL。

（5）总离子强度调节缓冲溶液的配制：称取 58.8g 二水合柠檬酸钠和 85g 硝酸钠于 500mL 烧杯中，加水使其完全溶解，用 1mol/L 的盐酸（1～2 滴）调节 pH 至 5～6，转入 1000mL 容量瓶中，稀释至刻线，摇匀备用。

四、实验步骤

1. 氟离子选择性电极的准备

氟离子选择性电极在使用前，应在含有 10^{-4}mg/L 或更低浓度的氟离子溶液中浸泡约 30min。使用前，先用去离子水清洗电极至其测量电位不变为止。

2. 仪器准备和操作

按照所用测量仪器和电极使用说明，首先接好线路，将各开关置于“关”的位置，开启电源开关，预热 15min。

3. 仪器的标定

SX3805 离子计采用两点标定法，即将电极插入定位标准溶液（5×10^{-3}mg/L，其配制方法同标准溶液配制方法一致，需加入总离子强度调节缓冲溶液），输入 2.278 数值，进

行定位校准，洗净擦干后，再插入斜率标准溶液（5×10^{-4}mg/L），输入3.278数值，进行斜率校准。要求 $|pX_{定}-pX_{斜}|=1$～2为宜，定位标准溶液测量的电位绝对值宜小于斜率标准溶液，且被测溶液的离子浓度宜在定位标准溶液和斜率标准溶液之间。

4. 标准曲线的绘制

用移量管准确移取0.00mL、1.00mL、3.00mL、5.00mL、10.00mL、20.00mL氟化物标准溶液，分别置于6只50mL容量瓶中，加入10mL总离子强度调节缓冲溶液，用水稀释至刻线，摇匀。将适量上述溶液移至100mL聚乙烯烧杯中，放入一只塑料搅拌子，按浓度由低到高的顺序，插入氟离子选择性电极及饱和甘汞电极，连接好离子计，开启电磁搅拌器，按浓度从低到高的顺序进行测量，在仪器数字显示在±1mV内，读取电位值。在每次测量之前，都要用水将电极冲洗干净，并用滤纸吸去水分。在半对数坐标纸上绘制 E-lgρ_{F^-} 标准曲线，浓度标于对数分格上，最低浓度标于横坐标的起点线上。

5. 水样中氟含量的测定

用无分度移液管吸取适量水样（20mL），置于50mL容量瓶中，用乙酸钠溶液或盐酸溶液调节至近中性，加入10mL总离子强度调节缓冲溶液，用水稀释至刻线，摇匀。将其移入100mL聚乙烯烧杯中，放入一只塑料搅拌子，插入电极，连续搅拌溶液，待电位稳定后，在继续搅拌下读取电位值（E）。在每次测量之前，都要用水充分洗涤电极，并用滤纸吸去水分。根据测得的毫伏数，由标准曲线上查得试液氟化物的浓度，再根据水样的稀释倍数计算其氟化物含量。

五、数据处理

1. 标准曲线的绘制（表6-1）

表6-1　标准曲线的绘制

氟化物标准溶液体积/mL	0.00	1.00	3.00	5.00	10.00	20.00
氟离子浓度/(mg/L)	0.00	0.20	0.60	1.00	2.00	4.00
E/mV						

2. 水样中氟离子浓度的计算

$$\rho_{F^-}=\frac{\rho_{测}\times V_2}{V_1} \tag{6-3}$$

式中，ρ_{F^-} 为水样中氟离子的浓度；$\rho_{测}$ 为稀释后测定的浓度；V_2 为50mL；V_1 为取样体积。

3. 标准加入法的计算

$$\rho_x=\frac{\rho_s\cdot V_s}{V_x+V_s}\left(10\frac{\Delta E}{S}-\frac{V_s}{V_x+V_s}\right)^{-1} \tag{6-4}$$

式中，ρ_x 为水样中氟离子的浓度；ρ_s 为氟标准溶液的浓度；V_x 为水样体积；V_s 为标准溶液的体积；ΔE 为测量水样和加入标准溶液后水样测得的电位差；S 为氟离子选择电极的实测斜率。

六、注意事项

（1）电极使用后立即用蒸馏水充分洗净，并用滤纸吸干，放在稀的氟化物标准溶液中。如果短时间不再使用，应洗净后吸去水分，套上电极保护帽。

（2）如果测定水体中氟化物含量，则应采用标准加入法测定，且加入标准溶液浓度应为试液浓度 10～100 倍，加入的体积为试液的 1/100～1/10 为宜。

七、思考题

（1）用离子选择性电极测定氟离子时加入的 TISAB 的组成和作用各是什么？

（2）离子选择电极法与其他方法相比，有哪些优点？

（3）标准曲线法和标准加入法有什么不同？

参考文献

蔡漫霞，刘福平，刘宏江，等. 2017. 离子选择电极法测定氟离子的影响因素分析[J]. 铜业工程, 143(1): 68-70.

龚建康. 2016. Zr 基 MOFs 材料与氧化石墨烯复合材料的合成及其对氟离子的吸附研究[D]. 昆明：云南大学.

王国庆，张亚鹏，关宏艳，等. 2006. 离子选择电极法检测水中氟离子的若干经验[J]. 分析仪器, 3: 56-57.

国家环境保护总局. 1987. 水质 氟化物的测定 离子选择电极法(GB 7487—1987)[S]. 北京：中国标准出版社.

实验七　Fenton 试剂催化氧化酸性大红 GR 染料

染料废水属于典型的难降解有机废水，其色度高，有机物含量高，组分复杂多变。当前，国内外主要采用化学法（氧化法、混凝法、电解法）、物理化学法（吸附法、膜技术法等）、生物法（厌氧好氧工艺等）等方法进行处理。其处理机理包括两种：①富集发色物质再分离去除；②破坏发色物质，以达到脱色和降解的目的。

Fenton 试剂是过氧化氢（H_2O_2）与二价铁离子（Fe^{2+}）的混合溶液。1893 年，法国科学家 Fenton 发现，H_2O_2 与 Fe^{2+}的混合溶液具有强氧化性，可以将很多有机化合物氧化为无机态，氧化效果十分明显。目前，水环境污染已成为世界性难题，而 Fenton 试剂法是废水深度氧化处理的重要方法之一，其应用范围正在不断扩大。

一、实验目的

（1）了解 Fenton 试剂的性质。

（2）掌握 Fenton 试剂降解有机污染物的机理。

二、实验原理

Fenton 试剂的氧化机理可以用下面的化学反应方程式表述：

$$Fe^{2+} + H_2O_2 \longrightarrow Fe^{3+} + OH^- + \cdot OH \tag{7-1}$$

正是羟基自由基的存在，使得 Fenton 试剂具有很强的氧化能力。据计算，在 pH = 4 的溶液中，羟基自由基的氧化电位高达 2.73V，其氧化能力在溶液中仅次于氟。因此，持久性有机物，特别是芳香族化合物及一些杂环类化合物，均可被 Fenton 试剂氧化分解。

本实验采用 Fenton 试剂法处理模拟酸性大红 GR 染料废水。

三、仪器与试剂

1. 仪器

磁力搅拌器；酸度计；可见分光光度计。

2. 试剂

（1）0.5g/L 酸性大红 GR 染料：称取 0.500g 酸性大红 GR 染料溶于水中，移至 1000mL 容量瓶中，用水稀释至刻度，摇匀。

（2）$FeSO_4 \cdot 7H_2O$：分析纯。

（3）H_2O_2溶液：分析纯。

（4）1.0mol/L 硫酸溶液。

（5）1.0mol/L 氢氧化钠溶液。

四、实验步骤

用量筒量取 200.0mL 浓度为 0.5g/L 的酸性大红 GR 染料模拟废水水样，放置于 250mL 锥形瓶中，称取 0.250g $FeSO_4 \cdot 7H_2O$ 加入锥形瓶中，然后置于磁力搅拌器上搅拌 10min 左右，充分溶解，再用硫酸溶液和氢氧化钠溶液调节溶液 pH 为 3.0。加入 H_2O_2 溶液 3.0mL，将锥形瓶放于磁力搅拌器上搅拌反应 2h，每隔 20min 取样，于 510nm 处测定吸光度 A，计算色度去除率。

五、数据处理

根据测得的数值，计算色度去除率，绘制模拟水样色度去除率随时间的变化曲线。

$$\text{色度去除率}(\%) = \frac{A_{\text{反应前}} - A_{\text{反应后}}}{A_{\text{反应前}}} \times 100\% \tag{7-2}$$

六、注意事项

样品吸光度测定后，应及时清洗比色皿，以免比色皿上色素沉积而影响吸光度测定结果。

七、思考题

根据模拟水样色度去除率随时间的变化曲线，分析 Fenton 试剂催化氧化酸性大红 GR 染料的特点。

参 考 文 献

董德明，花修艺，康春莉. 2010. 环境化学实验[M]. 北京：北京大学出版社.

董德明，朱利中. 2009. 环境化学实验[M]. 第二版. 北京：高等教育出版社.

李元. 2007. 环境科学实验教程[M]. 北京：中国环境科学出版社.

实验八　邻苯二甲酸二丁酯的微生物降解

微生物降解是有机污染物降解的重要环境过程之一。微生物降解是微生物利用自身新陈代谢作用消耗水中有机污染物（营养物质），把有机物先经过生物转化降解成结构简单的代谢产物，再矿化成无机物、H_2O 和 CO_2（有氧）或 CH_4（缺氧）。这是应用最久、最广、处理费用低、处理量大、效果较好的一种方法。分解有机物的主要微生物是细菌，其他微生物如原生动物和藻类也会参与这一过程。水体的营养状况和光照都会影响微生物的繁殖和生长，改变水中微生物的总量和结构，从而影响有机物在水环境中的生物降解效率。

邻苯二甲酸酯是一类具有一般毒性和致畸、致突变性的新型有机污染物，同时具有环境内分泌干扰效应，它作为重要的化工原料被大量用于生产塑料，是一种增塑剂。塑料制品的广泛使用导致了邻苯二甲酸酯在全球环境中无处不在，已严重威胁人类的安全。研究表明，邻苯二甲酸酯在环境中的水解和光解速率都非常缓慢，生物降解是这类物质分解的主要途径，因此获得邻苯二甲酸酯高效降解菌是提高其生物降解效率的重要环节。

一、实验目的

（1）了解微生物降解有机物的原理。

（2）掌握微生物降解有机物实验的操作方法。

二、实验原理

在研究邻苯二甲酸二丁酯（DBP）的微生物降解过程时，将盛有一定浓度 DBP 溶液的反应器置于无光、可控温的环境中，反应一段时间后，取样、萃取，用高效液相色谱分析其浓度。DBP 室内生物降解过程与实际水体中有机物的生物降解过程相一致，均符合一级反应动力学。

$$C_t = C_0 e^{-\kappa t} \tag{8-1}$$

式中，C_t 和 C_0 分别为反应 t 时刻和开始时 DBP 的浓度；κ 为生物降解速率常数。

在研究光照和水体富营养化对微生物降解有机物的影响时，利用磷酸盐和硝酸盐调节体系的营养水平，然后分别在光照高营养水平、光照低营养水平、无光高营养水平、无光低营养水平四种环境下进行微生物降解实验。光照会改变水体中自养、异养生物的微生态结构，即增加了自养藻类的比例，降低了可降解有机物异养菌的比例，因此使有机物的降解速率变小。相反，水体富营养化水平高时，水中微生物总量增加，使得有机物的降解速率变大。

三、仪器与试剂

1. 仪器

高效液相色谱仪；控温光照振荡培养箱。

2. 试剂

（1）500mg/L DBP 标准使用液：称取 0.5000g DBP（分析纯），用二次去离子水溶解、稀释定容至 1L。

（2）石油醚：分析纯。

（3）3g/L 硝酸钾溶液：称取 3.0g 硝酸钾（KNO_3，分析纯），用二次去离子水溶解、稀释定容至 1L。

（4）2g/L 磷酸二氢钾溶液：称取 1.0g 磷酸二氢钾（KH_2PO_4，分析纯），用二次去离子水溶解、稀释定容至 1L。

（5）甲醛溶液：分析纯，浓度约为 37%。

（6）稀硫酸溶液：0.01mol/L。

（7）稀氢氧化钠溶液：0.01mol/L。

四、实验步骤

1. 反应体系的建立

（1）取适量天然水，去除沉淀和漂浮物后混合均匀，曝气 2～8h 使溶解氧达到或接近饱和。

（2）取 5 个干净的 500mL 锥形瓶，分别加入 250mL 处理后的天然水样，编号。用 0.01mol/L 氢氧化钠溶液和 0.01mol/L 硫酸溶液调节 pH 为 8～9。分别向 1、2 号锥形瓶内加入 5mL 硝酸钾溶液和 1mL 磷酸二氢钾溶液，使它们的浓度满足表 8-1 中的参考浓度，提高水中氮、磷元素含量。将 5 号锥形瓶进行灭菌后作为对照，并加入 9mL 甲醛溶液，使其含量约为 1.3%。另外，向 5 个锥形瓶中分别加入 25.00mL DBP 标准使用液，其质量浓度约为 50mg/L。最后，把 5 个锥形瓶置于可控温光照振荡培养箱中，参照表 8-1 所示的控制降解条件，将温度控制在(25±1)℃。

表 8-1 实验各装置参考反应条件

编号	光照强度/lx	KNO_3 浓度/(mg/L)	KH_2PO_4 浓度/(mg/L)	甲醛/%
1（光照高营养水平）	4000±100	60	4	—
2（无光高营养水平）	—	60	4	—
3（光照低营养水平）	4000±100	—	—	—
4（无光低营养水平）	—	—	—	—
5（空白实验）	—	—	—	1.3

2. DBP 的测定

（1）分别在反应进行 0 天、1 天、2 天、3 天、4 天和 5 天时，从 1～5 号锥形瓶中各取样 20.00mL，每份样品用 5mL 石油醚萃取 3 次，萃取液混合后，用高效液相色谱仪测定浓度。

（2）色谱检测条件：色谱柱为 Zorbax ODS（5～6μm，25cm×4.6mm）；流动相组成为 CH_3OH∶H_2O = 90∶10（体积分数）；流速为 1.0mL/min；检测波长为 254nm；进样量为 10μL。

五、数据处理

（1）根据实验数据绘制实验中 1～5 号锥形瓶的 DBP 降解曲线。按式（8-1）计算 DBP 的生物降解速率常数。

（2）在不同光照水平、营养水平和有无微生物存在条件下，比较 DBP 的降解速率。

六、注意事项

环境温度可影响微生物的生长及其反应活性，实验温度应严格控制在(25±1)℃。

七、思考题

（1）光照除通过影响微生物的组成而间接影响降解过程外，还有可能直接光降解 DBP，但由于实验过程中所用的光源为可见光且强度较弱，所以本实验中没有考虑光降解的影响。请思考如何改进原有实验，以便能够在实验结果中扣除光降解的影响。

（2）考虑除光照和营养盐外，还有哪些因素会影响有机物的微生物降解。

参 考 文 献

董德明，花修艺，康春莉. 2010. 环境化学实验[M]. 北京：北京大学出版社.
董德明，朱利中. 2009. 环境化学实验[M]. 第二版. 北京：高等教育出版社.
李元. 2007. 环境科学实验教程[M]. 北京：中国环境科学出版社.

大气篇

实验九　空气中氮氧化物的日变化曲线

随着现代工业的发展和汽车数量的不断增加，大气污染已经成为一个日益严重的全球性问题。氮氧化物（NO_x）作为大气主要污染物之一，包括 NO、NO_2、N_2O、N_2O_3和 N_2O_4等，其中 NO 和 NO_2为最主要的形式，烟气中的 NO_x有 90%为 NO。全球每年排入大气的 NO_x总量超过 3000 万吨，而且还在持续增长。NO 可以与血液中的血红蛋白结合生成亚硝基血红蛋白或亚硝基高铁血红蛋白，使血液输氧能力下降，而 NO_2可以诱发光化学烟雾和酸雨，并且平流层中臭氧层的变薄减少很大程度归因于 NO_x的作用。城市大气中 2/3 的 NO_x来自汽车尾气的排放，交通干线空气中 NO_x的浓度与汽车流量和汽车出行时间，特别是早晚高峰期有很大关系，因此测定交通干线空气中 NO_x的浓度随时间的变化，具有重要意义。

一、实验目的

（1）掌握氮氧化物测定的基本原理和方法。

（2）绘制空气中氮氧化物的日变化曲线。

二、实验原理

空气中的氮氧化物主要以 NO 和 NO_2形态存在。测定时用三氧化铬将 NO 氧化成 NO_2，NO_2被水吸收后，在溶液中形成亚硝酸，然后与对氨基苯磺酸发生重氮化反应，再与盐酸萘乙二胺偶合，生成玫瑰红色偶氮染料，用分光光度法测定其吸光度，测定过程示意如图 9-1 所示。方法检出限为 0.01μg/mL（按与吸光度 0.01 相应的亚硝酸盐含量计）。线性范围为 0.03～1.6μg/mL。当采样体积为 6L 时，氮氧化物的最低检出浓度为 0.01mg/m^3。

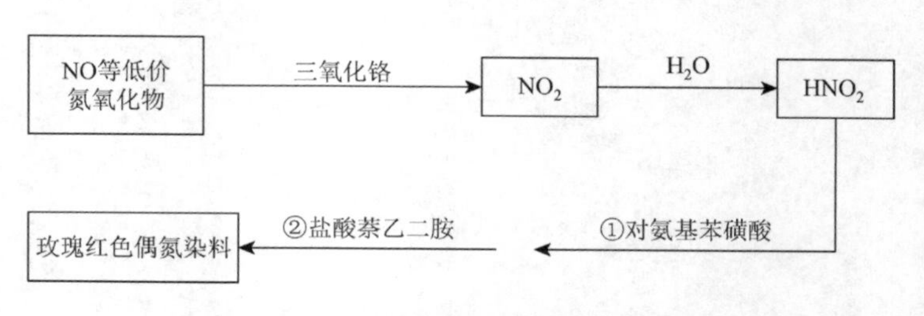

图 9-1　氮氧化物测定过程示意图

盐酸萘乙二胺比色法的有关化学反应式如式（9-1）～式（9-3）所示。

$$2NO_2 + H_2O \longrightarrow HNO_3 + HNO_2 \tag{9-1}$$

$$HO_3S{-}C_6H_4{-}NH_2 + HNO_2 + CH_3COOH \longrightarrow HO_3S{-}C_6H_4{-}N(\equiv N)(COOCH_3) + 2H_2O \tag{9-2}$$

$$HO_3S{-}C_6H_4{-}N(\equiv N)(COOCH_3) + C_{10}H_7{-}NHCH_2CH_2NH_2 \cdot 2HCl \longrightarrow HO_3S{-}C_6H_4{-}N{=}N{-}C_{10}H_6{-}NHCH_2CH_2NH_2 \cdot 2HCl + CH_3COOH \tag{9-3}$$

玫瑰红色

采集并测定一天内不同时间段空气中氮氧化物的浓度，绘制空气中氮氧化物浓度随时间的变化曲线。

三、仪器与试剂

1. 仪器

大气采样器（流量范围 0.0～1.0L/min）；分光光度计；棕色多孔玻板吸收管；双球玻璃氧化管（装三氧化铬）；干燥缓冲瓶；10mL 比色管；1mL 移液管。

2. 试剂

（1）吸收液：称取 5.0g 对氨基苯磺酸于烧杯中，加入 50mL 冰醋酸与 900mL 水的混合液，搅拌、溶解，转移至 1000mL 棕色容量瓶后，加入 0.050g 盐酸萘乙二胺，再用水稀释至刻线，摇匀，转移至棕色试剂瓶中，低温避光保存，为吸收原液。采样时，吸收液由 4 份吸收原液和 1 份水混合配制。

（2）三氧化铬-石英砂：取 20～40 目石英砂约 30g，用（1∶2）盐酸溶液浸泡一夜后，用水洗至中性、烘干。把三氧化铬及石英砂按质量比 1∶40 混合，加少量水调匀，放在红外灯或烘箱中于 105℃烘干，烘干过程中可搅拌数次，制得三氧化铬-石英砂。然后将它装入双球玻璃氧化管中，两端用少量脱脂棉塞好，放入干燥器中保存。使用时氧化管与吸收管之间用乳胶管连接。

（3）亚硝酸钠 (NO_2^-) 标准溶液：准确称取 0.1500g 亚硝酸钠（预先在干燥器内干燥 24h）溶于水，转移至 1000mL 容量瓶中，用水稀释至刻线，转移至棕色试剂瓶中。NO_2^-

溶液的浓度为100μg/mL，冰箱中可稳定保存3个月。使用时，吸取上述溶液25.00mL于500mL容量瓶中，用水稀释至刻度，即配得5μg/mL NO_2^-溶液。

四、实验步骤

1. 氮氧化物的采集

在棕色多孔玻板吸收管中装入5.00mL吸收液，接上氧化管，并使管口微向下倾斜，朝上风向，避免潮湿空气将氧化管弄湿，从而污染吸收液，氮氧化物采样装置示意图如图9-2所示。然后以0.3L/min的流量采集空气30min，采样高度为1.5m，将采样点设在人行道上，距马路1.5m处，同时统计汽车流量，采样时间段如表9-1所示。若氮氧化物含量很低，可增加采样量，采样至吸收液呈浅玫瑰红色为止。记录采样时间和地点，根据采样时间和流量，算出采样体积。

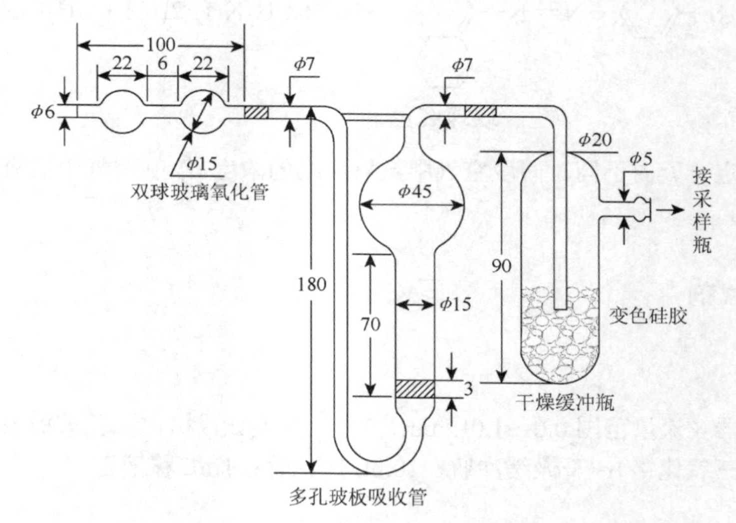

图9-2　氮氧化物采样装置示意图

图中数据单位为mm

表9-1　采样时间段

编号	1	2	3	4	5	6
采样时间	10:00～10:30	11:00～11:30	12:00～12:30	13:00～13:30	14:00～14:30	15:00～15:30

2. 氮氧化物的测定

（1）标准曲线的绘制。取7支10mL比色管，按表9-2配制标准溶液，将各管摇匀，避免阳光直射，放置15min，以蒸馏水为参比，用1cm比色皿，在540nm波长处测定吸光度。

表 9-2　标准溶液系列

编号	0	1	2	3	4	5	6
NO_2^- 标准溶液/mL	0.00	0.10	0.20	0.30	0.40	0.50	0.60
吸收原液/mL	4.00	4.00	4.00	4.00	4.00	4.00	4.00
水/mL	1.00	0.90	0.80	0.70	0.60	0.50	0.40
NO_2^- 含量/μg	0	0.5	1.0	1.5	2.0	2.5	3.0

（2）样品的测定。采样后放置 15min，将吸收液直接倒入 1cm 比色皿，在 540nm 处测定吸光度。

五、数据处理

根据吸光度与浓度的对应关系，用最小二乘法计算标准曲线的回归方程式。

$$y = bx + a \tag{9-4}$$

式中，y 为标准溶液吸光度（A）与试剂空白吸光度（A_0）之差，$y = A - A_0$；x 为 NO_2^- 含量，μg；a 和 b 分别为回归方程式的截距和斜率。

$$\rho_{NO_x} = \frac{(A - A_0) - a}{b \times V \times 0.76} \tag{9-5}$$

式中，ρ_{NO_x} 为氮氧化物浓度，mg/m^3；A 为样品溶液吸光度；V 为标准状态下（25℃，$1.01 \times 10^5 Pa$）的采样体积，L；0.76 为 NO_2（气）转换成 NO_2^-（液）的转换系数。

六、注意事项

（1）本实验用水为不含亚硝酸盐的重蒸水。

（2）采样时应无雨无雪，风力小于 4 级（5.5m/s），采样器应距地面不小于 1.5m，以减少扬尘的影响。

（3）采样过程中，若氮氧化物含量较低，可适当增加样品量，采样至吸收液呈浅玫瑰红色为止。

（4）在采样、运送和存放过程中，吸收管要注意避光保存，并及时测定。

（5）在采样过程中，如吸收液体积减小明显，应用水补充到原来的体积（事先做好标线），切勿将吸收液倒吸到仪器里。

（6）正确连接吸收管与大气采样器。

七、思考题

（1）氮氧化物与光化学烟雾有什么关系？

（2）根据实验结果，判断所测区域大气质量的优劣，以及其是否达标（依据当地大气环境质量标准）。

（3）空气中氮氧化物日变化曲线说明了什么？

参 考 文 献

戴树桂. 2006. 环境化学[M]. 北京：高等教育出版社.

董德明，朱利中. 2009. 环境化学实验[M]. 第二版. 北京：高等教育出版社.

环境保护部，国家质量监督检验检疫总局. 2012. 环境空气质量标准(GB 3095—2012)[S]. 北京：中国环境科学出版社.

莫天麟. 1998. 大气化学基础[M]. 北京：气象出版社.

潘大伟，金文杰. 2014. 环境工程实验[M]. 北京：化学工业出版社.

唐孝炎. 1990. 大气环境化学[M]. 北京：高等教育出版社.

赵惠富. 1993. 污染气体 NO_x 的形成和控制[M]. 北京：科学出版社.

Armor J N. 1995. Catalytic removal of nitrogen oxides where are the opportunities[J]. Catalysis Today, 26: 99-105.

实验十　环境空气中 SO_2 液相氧化模拟

SO_2 是大气中最常见、最主要的气态污染物之一。大气中的 SO_2 主要来源于化石燃料的燃烧，此外还来自含硫矿物的冶炼和石油加工。在煤和石油等燃料燃烧的过程中，燃料中的硫几乎能够全部转化形成 SO_2。全球范围内人为源排放的 SO_2 中约有 60%来自煤的燃烧，20%左右来自石油燃烧和炼制。大气中 SO_2 的危害，除自身的毒性外，集中体现在它是形成酸雨和硫酸烟雾的重要因素。酸雨对生态环境造成的危害是多方面的，主要表现在破坏水体生态平衡，造成湖泊酸化，鱼类死亡，水生生物种群减少；酸化土壤，导致土壤贫瘠化，使森林、草场退化，农作物减产，有毒重金属污染增强；腐蚀建筑材料，加速建筑物的风化过程，增加文物保护难度；直接危害人体健康，对眼角膜和呼吸道等组织和器官有明显刺激作用，导致红眼病和支气管炎、咳嗽不止等，还可诱发肺病。

大气中 SO_2 转化为 SO_3 或硫酸的途径主要有两种，分别是气相氧化和液相氧化。气相氧化包括直接光氧化和间接光氧化，大气中的 SO_2 只有大约 20%是通过这一途径转化的。SO_2 更重要的氧化途径是液相氧化，即溶于水，在水相中被溶解氧或其他氧化剂氧化或催化氧化。在实际大气的酸雨形成过程中，一部分 SO_2 通过气相氧化生成 SO_3，然后转化形成硫酸或硫酸盐气溶胶，这些气溶胶粒子作为凝结核形成云最终进入降水；另一部分被云滴或雨滴吸收，在水相中液相氧化生成硫酸或硫酸盐，最终造成降水的酸化。

一、实验目的

（1）了解氧化 SO_2 的方式和过程。

（2）掌握 pH 法间接测定 SO_2 液相氧化速率的方法。

二、实验原理

SO_2 液相氧化的过程是大气降水酸化的主要途径。首先，SO_2 溶解于水中并发生一级和二级电离，生成 $SO_2{\cdot}H_2O$、HSO_3^-、SO_3^{2-} 及 H^+。溶解态总硫的存在形式不仅与 SO_2 浓度有关，也与液相 pH 有关。一般条件下，典型大气液滴的 pH 为 2～6，此时 HSO_3^- 为溶解硫的主要存在形式。其次，溶解态的 S(Ⅳ)被氧化为 S(Ⅵ)，常见的液相氧化剂包括 O_2、O_3、H_2O_2 和各种自由基等，其中溶解在水中的 O_2 是最常见的氧化剂。在 SO_2 被 O_2 氧化的过程中，Fe^{3+} 和 Mn^{2+} 都可以起到催化剂的作用。

$$Mn^{2+} + SO_2 \rightleftharpoons MnSO_2^{2+} \tag{10-1}$$

$$2MnSO_2^{2+} + O_2 \rightleftharpoons 2MnSO_3^{2+} \tag{10-2}$$

$$MnSO_3^{2+} + H_2O \rightleftharpoons Mn^{2+} + 2H^+ + SO_4^{2-} \tag{10-3}$$

总反应式为

$$2SO_2 + 2H_2O + O_2 \rightleftharpoons 2SO_4^{2-} + 4H^+ \quad (10\text{-}4)$$

液相中的 Fe^{3+}和 Mn^{2+}主要来源于大气中的尘埃等各种杂质。

大气液滴中的 S(Ⅳ)主要以 HSO_3^- 的形式存在，因此在本实验中以 Na_2SO_3 溶液代替吸收了 SO_2 的液滴，模拟研究不同条件下 S(Ⅳ)的液相氧化过程。在 SO_3^{2-} 被氧化为 SO_4^{2-} 的过程中，溶液中 H^+浓度将增加，pH 下降，因此通过测定溶液 pH 的变化，可估算 SO_2 的液相氧化速率。同时添加不同催化剂，比较不同催化剂的催化效果。在本实验中，分别用 $MnSO_4$ 提供 Mn^{2+}，用 $NH_4Fe(SO_4)_2$ 提供 Fe^{3+}，用降尘和煤灰模拟实际大气液滴中的尘埃等各种杂质。

三、仪器与试剂

1. 仪器

精密 pH 计；6 个磁力搅拌器。

2. 试剂

（1）0.01mol/L 亚硫酸钠溶液：溶解 1.26g 无水 Na_2SO_3 于水中，定容至 1L。

（2）0.0005mol/L 硫酸锰溶液：溶解 0.141g 无水 $MnSO_4$ 于烧杯中，用 0.01mol/L 硫酸调节溶液 pH 为 5，转移至 1L 容量瓶中，定容。

（3）0.0005mol/L 硫酸铁铵溶液：取 0.241g $NH_4Fe(SO_4)_2 \cdot 12H_2O$ 于烧杯中，加少量 0.01mol/L 的硫酸和适量水溶解，转移至 1L 容量瓶中，定容。使用时取适量溶液，用氢氧化钠溶液调节溶液 pH 为 5。

（4）降尘-水悬浊液：收集并称取 0.2g 大气降尘（可取自室外窗台等处），放入 50mL 烧杯中，加 30mL 二次蒸馏水，搅拌，用 0.01mol/L 的硫酸调节 pH 为 5。

（5）煤灰-水悬浊液：称取 0.1g 煤灰，放入 50mL 烧杯中，加 30mL 二次蒸馏水，搅拌，并用 0.01mol/L 硫酸调节溶液 pH 为 5。

（6）稀释水：取二次蒸馏水 1.5L 于 2L 烧杯中，通空气 30min，同时用磁力搅拌器搅拌，最后用 0.01mol/L 硫酸调节溶液 pH 为 5。

（7）硫酸溶液：0.01mol/L。

（8）氢氧化钠溶液：0.01mol/L。

四、实验步骤

1. 模拟实验准备

（1）取 6 个 250mL 烧杯，编号为 1～6，分别用于模拟不加催化剂、加锰催化剂、加铁催化剂、加铁锰催化剂、加降尘催化剂和加煤灰催化剂 6 种情况。

（2）向 1～4 号烧杯各加稀释水 190mL、0.01mol/L 亚硫酸钠溶液 10mL；向 5、6 号

烧杯各加稀释水 160mL，0.01mol/L 亚硫酸钠溶液 10mL。

（3）向 2～6 号烧杯中依次加入以下试剂：2 号，0.0005mol/L 硫酸锰溶液 2mL；3 号，0.0005mol/L 硫酸铁铵溶液 2mL；4 号，0.0005mol/L 硫酸锰溶液和 0.0005mol/L 硫酸铁铵溶液各 1mL；5 号，降尘-水悬浊液 30mL；6 号，煤灰-水悬浊液 30mL。

（4）加完所有试剂后，将 6 个烧杯置于磁力搅拌器上持续搅拌，用硫酸溶液和氢氧化钠溶液调节溶液 pH 为 5，然后开始计时。

2. 液相氧化过程

分别在 5min、10min、15min、20min、25min、30min、40min、50min、60min、70min 取样，测定各烧杯中溶液的 pH。

五、数据处理

以 pH 为纵坐标，时间为横坐标，绘制各体系中溶液 pH 随时间的变化曲线。对比并评价不同体系氧化反应的快慢，分析各催化剂的催化作用。

六、注意事项

本实验中，SO_2 的液相氧化速率由 pH 的变化来间接表征，所以需使用精密 pH 计，并进行正确操作测定，以保证实验结果的准确性。

七、思考题

（1）为什么通过 pH 的变化可以估算 SO_2 液相氧化速率？本实验中的数据足够估算 SO_2 的氧化速率常数吗？如果不够，还应该控制和测定哪些参数或指标？

（2）哪些因素会影响 SO_2 的氧化速率？

参考文献

董德明，花修艺，康春莉. 2010. 环境化学实验[M]. 北京：北京大学出版社.

董德明，朱利中. 2009. 环境化学实验[M]. 第二版. 北京：高等教育出版社.

李元. 2007. 环境科学实验教程[M]. 北京：中国环境科学出版社.

实验十一　空气中氮氧化物的催化氧化净化

氮氧化物（NO_x）是重要的大气污染物之一，主要包括NO、NO_2、N_2O_5、N_2O等，其中主要造成空气污染的是NO和NO_2，通常将二者称为氮氧化物。现有的脱硝技术可分为两大类：一是控制燃烧过程中NO_x的生成，即低NO_x燃烧技术；二是对生成的NO_x进行处理，即烟气脱硝技术。选择性催化氧化（SCO）技术主要是利用烟气中的O_2把部分NO氧化为易于吸收的NO_2，由此得到适当的NO_2/NO比例，然后用吸收法（如氨水、氢氧化钠或石灰溶液等）实现净化，该催化氧化技术无需加入氧化剂，成本低，能耗少，已得到广泛应用。

一、实验目的

（1）了解利用催化氧化技术净化烟气中NO_x的原理。
（2）掌握催化剂的制备方法和烟气分析仪的使用方法。

二、实验原理

NO_x催化氧化技术主要是利用烟气中的O_2把NO氧化为易于吸收的NO_2，从而得到适当的NO_2/NO比例，然后用液体吸收法（如氨水、氢氧化钠和石灰等）回收利用NO_x。

目前，NO被O_2氧化为NO_2的气相反应机理如下：

第1种机理：$$NO + O_2 \underset{k_1'}{\overset{k_1}{\rightleftharpoons}} NO_3 \qquad NO_3 + NO \xrightarrow{k_2} 2NO_2 \tag{11-1}$$

第2种机理：$$2NO \underset{k_3'}{\overset{k_3}{\rightleftharpoons}} (NO)_2 \qquad (NO)_2 + O_2 \xrightarrow{k_4} 2NO_2 \tag{11-2}$$

三、仪器与试剂

1. 仪器

烟气分析仪（KM9506）；管式电阻炉；多头磁力搅拌器；转子流量计；恒温鼓风干燥箱；质量流量计；气体混合罐；N_2和SO_2混合罐；石英管式固定床反应器。

2. 试剂

（1）活性炭（椰壳活性炭，AC，过40目）。
（2）乙酸锰（分析纯）。

（3）催化剂的制备：采用浸渍法制备负载10% Mn的Mn/AC催化剂。在100mL去离子水中加入2g活性炭，混合均匀；按比例加入一定量的乙酸锰，充分搅拌，待完全溶解后浸渍2h；于烘箱内110℃干燥10h，然后在不同温度下焙烧2h；经压片、研磨、过筛制成40～60目的Mn/AC催化剂。

四、实验步骤

1. 实验工艺流程

实验工艺流程如图11-1所示。

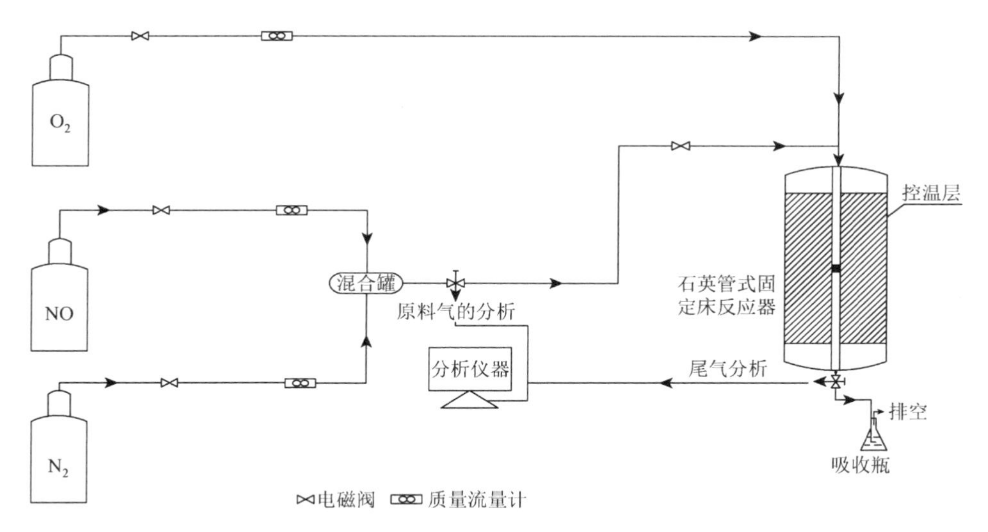

图11-1　实验工艺流程图

实验工艺装置包括配气系统、反应系统、分析测试系统三大部分。配气系统的气体组成为体积分数0.05%的NO、3%的O_2，N_2为平衡气，混合气体总流量为200mL/min，空速为35000h^{-1}。为了避免NO与O_2在反应器之前的管路里或在混合罐中发生氧化而影响实验结果，可将O_2直接加入反应器中。催化剂的活性测试在石英管式固定床反应器（直径10mm）中进行。催化剂置于反应器中间，装填质量为0.18g。利用烟气分析仪在线检测NO和NO_2浓度及O_2含量。

2. 实验具体步骤

（1）用气态NO和N_2模拟烟气，通过连接管引入混合罐中，进行系统检漏。

（2）在钢瓶中配好烟气，稳定后待用，实验时先将钢瓶阀门打开，调整钢瓶流量、空气流量，使烟气进口与烟气分析仪相连，使进口浓度维持在实验所需的数值并保持稳定。

（3）取适量制备好的催化剂置于反应器中间，通入经过混合罐混合后的模拟烟气，进口烟气浓度稳定后，使烟气分析仪与烟气出口相连，每隔10min记录读数。

五、数据处理

NO 催化氧化转化率表示为

$$\text{NO转化率}(\%) = \frac{C_{\text{NO进口}} - C_{\text{NO出口}}}{C_{\text{NO进口}}} \times 100\% \tag{11-3}$$

将测得的数据汇总至表 11-1。

表 11-1　实验数据汇总表

测定次数	NO 进口浓度/(mg/m^3)	NO 出口浓度/(mg/m^3)	转化率/%
1			
2			
3			
4			
5			

六、注意事项

（1）NO 催化氧化操作必须在通风橱中进行。
（2）通入烟气前，务必对系统进行检漏，确保烟气的稳定性。
（3）制备催化剂时，应注意药品的取用比例及保存。

七、思考题

（1）NO 催化氧化效率与哪些因素有关？它们之间有什么关系？
（2）催化剂上金属离子的作用及其反应原理是什么？

参 考 文 献

郝吉明, 马广大. 2003. 大气污染控制工程[M]. 第二版. 北京: 高等教育出版社.
徐青, 郑章靖, 凌长明, 等. 2010. 氮氧化物污染现状和控制措施[J]. 安徽农业科学, (389): 16388-16391.
姚瑞. 2015. 改性活性炭低温催化氧化 NO 的研究[D]. 上海: 华东理工大学.

实验十二　大气中氟利昂的催化水解

氟利昂（CFCs）由于其优良的物理化学性质而被广泛应用于现代生活的各个领域，可用作清洁溶剂、制冷剂、保温材料、喷雾剂和发泡剂等。CFCs 排放到大气中后，其稳定性决定了它可长时间滞留在大气层中长达数十年甚至上百年，持续破坏臭氧层，使得气候变化异常，并且引起酸雨等问题。

在平流层内，强烈的太阳紫外辐射（主要是 UVC，100～280nm）能使 CFCs 分解而产生氯自由基从而参与消耗臭氧的链式反应。链式反应发生后，一个氯氟烃分子可以破坏无数个臭氧分子，持续破坏臭氧层。反应机理如下：

$$CF_xCl_y \longrightarrow CF_xCl_{y-1} + Cl\cdot \tag{12-1}$$

$$Cl\cdot + O_3 \longrightarrow ClO\cdot + O_2 \tag{12-2}$$

$$O_2 \longrightarrow 2O\cdot \tag{12-3}$$

$$ClO\cdot + O\cdot \longrightarrow Cl\cdot + O_2 \tag{12-4}$$

$$O\cdot + O_3 \longrightarrow 2O_2 \tag{12-5}$$

CFCs 直接分解在热力学角度是不能自发进行的，但是当有 H_2O、O_2 和 H_2 存在时，反应是能自发进行的，由于反应速率较慢，可加固体酸催化加快该反应速率。

一、实验目的

（1）了解利用催化水解技术净化大气中氟利昂的原理。

（2）掌握气相色谱检测氟利昂的操作方法。

二、实验原理

以低浓度二氟二氯甲烷（CFC-12，目前氟利昂问题研究最为广泛的模型化学物质）为主要处理对象，先将 CFC-12、空气、水蒸气进行混合后通入催化剂床层，反应后的酸性气体通入添加了中和剂及稳定剂的溶液，从而实现低浓度氟利昂的净化，反应方程式如式（12-6）所示。

$$CCl_2F_2 + 2H_2O \xrightarrow{\text{催化剂}} CO_2 + 2HF + 2HCl \tag{12-6}$$

三、仪器与试剂

1. 仪器

高温水平管式炉；质量流量控制器；质量流量显示仪；电子天平；数显智能控温磁力搅拌器；集热式恒温加热磁力搅拌器；循环水式真空泵；电热恒温干燥箱；马弗炉；筛子；石英管；气体采样袋；气相色谱仪。

2. 试剂

（1）0.15mol/L $ZrOCl_2·8H_2O$ 溶液：溶解 9.67g $ZrOCl_2·8H_2O$ 于 150mL 蒸馏水，定容至 200mL。

（2）0.5mol/L $(NH_4)_6Mo_7O_{24}·4H_2O$ 溶液：溶解 154.5g $(NH_4)_6Mo_7O_{24}·4H_2O$ 于 200mL 蒸馏水，定容至 250mL。

（3）1mol/L NaOH 溶液：取 4g NaOH 溶于 100mL 蒸馏水。

（4）0.1mol/L $AgNO_3$ 溶液：溶解 8.494g $AgNO_3$ 于 400mL 蒸馏水，定容至 500mL。

（5）氨水（$NH_3·H_2O$）：分析纯，25%。

（6）CFC-12。

（7）O_2：工业级。

（8）N_2：工业级。

四、实验步骤

1. 催化剂的制备

（1）MoO_3/ZrO_2 催化剂的制备工艺如图 12-1 所示。

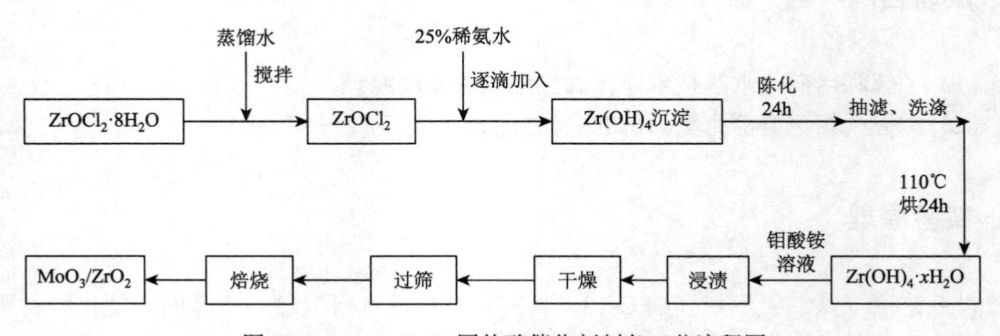

图 12-1　MoO_3/ZrO_2 固体酸催化剂制备工艺流程图

（2）催化剂制备流程：取 100mL 0.15mol/L $ZrOCl_2·8H_2O$ 溶液于 250mL 烧杯中，室温逐滴加入 25%的氨水溶液直到 pH = 9～10，继续搅拌 4h，然后在室温下静置 24h，抽滤洗涤，直到没有 Cl^-（用 0.1mol/L 的 $AgNO_3$ 溶液检测），所得滤饼在 110℃下干燥 24h。将干燥好的滤饼研磨，筛分至 80 目，并取 10g 于 50mL 0.5mol/L $(NH_4)_6Mo_7O_{24}·4H_2O$ 溶液，

浸渍 4h（ZrO_2 质量分数为 20%），浸渍温度 80℃，过滤，将滤饼在 110℃下干燥 24h，然后在 450℃下焙烧 3h，研磨筛分至 100 目，制得 MoO_3/ZrO_2 催化剂。

2. 实验装置

实验采用动态配气的方法，气袋中气体组成为摩尔分数 1.0%的 CFC-12、40.0%的 $H_2O(g)$、10.0%的 O_2，其余为 N_2。混合气体以 $10.0cm^3/min$ 的流量，进入石英玻璃管反应器。催化剂（2g）填充于石英玻璃管中，氟利昂水解反应在石英管催化剂床层中进行，反应产生气体经 1mol/L KOH 溶液吸收后由气相色谱分析。水解实验装置流程如图 12-2 所示。

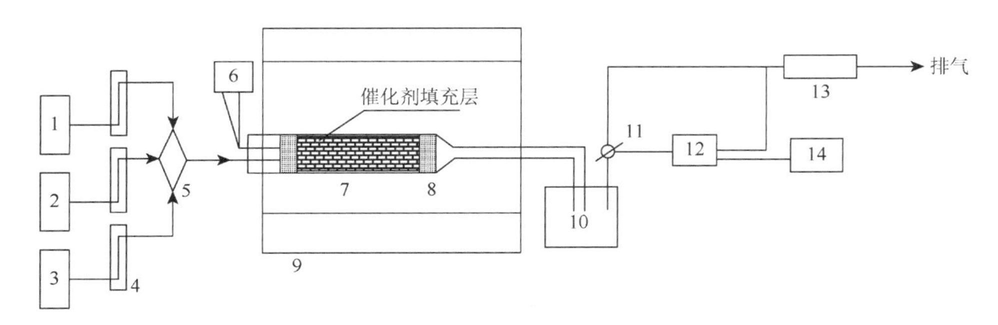

图 12-2 水解实验装置流程图

1. 空气；2. 气体采样袋（CFC-12＋N_2）；3. 水蒸气发生器；4. 质量流量计；5. 混合器；6. 热电偶；7. 石英玻璃管；8. 玻璃棉；9. 高温水平管式炉（带温度控制器）；10. KOH 溶液；11. 三通阀；12. 气相色谱；13. 气体吸收装置（碱液槽）；14. 色谱工作站

选用石英砂（主要成分为 SiO_2）作为催化剂填料载体，将 1.00g 催化剂和 50g 石英砂均匀填充于石英玻璃管中。通入模拟反应气体，反应生成的酸性气体 HCl 和 HF 用 NaOH 溶液吸收，硅胶作为干燥剂。到达所需反应条件 30min 后采样，采集的气体用气相色谱仪进行定性和定量分析。

3. 气相色谱仪工作条件

仪器温度 120℃，柱温 40℃，检测器温度 325℃，高纯 N_2（纯度＞99.99%）为载气，恒定流量为 25mL/min，进样量 0.3mL。

4. 标准曲线的绘制

采用 1mL、5mL、20mL、100mL 注射器取标准 CFC-12 气体，用 N_2 配制体积比为 100×10^{-6}、50×10^{-6}、10×10^{-6}、1×10^{-6}、0.5×10^{-6}、0.1×10^{-6}、0.05×10^{-6}、0.01×10^{-6}、0.005×10^{-6} 系列浓度的标准 CFC-12 气体样品，气相色谱检测，绘制 CFC-12 色谱标准曲线。

5. 催化水解工艺条件

水解温度为 250℃，气体组成为摩尔分数 1.0%的 CFC-12、40.0%的 $H_2O(g)$、10.0%的 O_2，其余为 N_2。连续实验 2h，每隔 30min 记录读数。

五、数据处理

催化水解效果主要用CFC-12转化率和CO_2产率来评价，计算公式如下。

$$\text{CFC-12转化率}(\%)=\frac{[\text{CFC-12}]_{\text{进口}}-[\text{CFC-12}]_{\text{出口}}}{[\text{CFC-12}]_{\text{进口}}}\times 100\% \tag{12-7}$$

$$CO_2\text{产率}(\%)=\frac{[CO_2]_{\text{出口}}}{[\text{CFC-12}]_{\text{进口}}-[\text{CFC-12}]_{\text{出口}}}\times 100\% \tag{12-8}$$

将所测得的数据汇总至表12-1。

表12-1 实验数据汇总表

测定次数	CFC-12 进口浓度/ppm	CFC-12 出口浓度/ppm	CO_2 出口浓度/ppm	CFC-12 转化率/%	CO_2 产率/%
1					
2					
3					
4					

六、注意事项

（1）氟利昂的蒸发热大，碰到皮肤、眼睛会吸收人体大量热量而蒸发，因此操作时要严加注意，应戴上防护眼镜。

（2）氟利昂随温度上升，蒸气压增加很快，因此要存放在40℃以下环境中，避免高温存放。

（3）实验涉及气相色谱的使用，故在使用前要选择匹配的色谱柱，并对色谱柱进行检查，以免造成仪器的损坏。

七、思考题

（1）氟利昂造成臭氧层破坏的反应机理是什么？

（2）催化水解氟利昂技术的影响因素有哪些？影响因素之间的关系如何？

（3）现有的氟利昂无害化处理技术有哪些？

参考文献

陈立民, 吴力波. 1999. 臭氧层损耗研究的进展评述[J]. 上海环境科学, (5): 197-209.

刘天成. 2009. ZrO_2基固体酸碱催化水解低浓度氟利昂的研究[D]. 昆明: 昆明理工大学.

王若禹. 2001. 臭氧洞的形成、危害及对策[J]. 河南大学学报(自然科学版), (2): 90-94.

土壤篇

实验十三　土壤阳离子交换量的测定

土壤是环境污染物迁移、转化的重要场所，土壤胶体以其巨大的比表面积和带电性，使土壤具有吸附性能和离子交换能力，这种能力又使它成为重金属类污染物的主要归宿。污染物在土壤表面的吸附和离子交换能力与土壤的组成、结构等有关。因此，对土壤性能的测定，有助于了解土壤对污染物的净化能力及对污染负荷的允许程度，同时阳离子交换量直接反映了土壤的保肥、供肥性及缓冲能力，可作为改良土壤和指导施肥的重要依据。

土壤中主要存在三种基本成分：无机物、有机物和微生物。无机物主要是黏土矿物。黏土矿物的晶格结构中存在许多层状的硅铝酸盐，其结构单元是硅氧四面体和铝氧八面体。四面体硅氧层中的 Si^{4+}常被 Al^{3+}部分取代；八面体铝氧层中的 Al^{3+}可部分被 Fe^{2+}、Mg^{2+}等离子取代，取代的结果是在晶格中产生负电荷。这些负电荷分布在硅铝酸盐的层面上，并以静电引力吸附层间存在的阳离子，以保持电中性。这些阳离子主要是 Ca^{2+}、Mg^{2+}、Al^{3+}、Na^{+}、K^{+}和 H^{+}等，它们往往被吸附于矿物质胶体表面上，决定着黏土矿物的阳离子交换行为。土壤中的有机物质主要是腐殖质，包括胡敏素、腐殖酸和富里酸，这些物质成分复杂、分子量不固定、结构单元上存在各种活性基团，可作为阳离子吸附活性位点。土壤微生物包括细菌和真菌等，可发生污染物的氧化、硝化、氨化、固氮、硫化等过程，促进土壤有机质的分解和养分的转化。

一、实验目的

（1）了解土壤阳离子交换量（CEC）的内涵及其环境化学意义。

（2）掌握土壤阳离子交换量的测定原理和方法。

二、实验原理

土壤阳离子交换量目前常用的测定方法为乙酸铵法、氯化铵-乙酸铵法和氯化钡交换法，本实验采用氯化钡交换法快速测定土壤阳离子交换量，原理如图 13-1 所示。

图 13-1 所示反应中因为存在离子交换平衡，交换反应实际上不完全，但当溶液中交换剂浓度大、交换次数增加时，交换反应可趋于完全。另外，若用过量的强电解质，如硫酸溶液，可把交换到土壤中的 Ba^{2+}交换出来，这是由于生成了硫酸钡沉淀，且由于 H^{+}的交换吸附能力很强，交换基本完全。这样，通过测定交换反应前后硫酸含量的变化，可算出消耗的酸量，进而算出阳离子交换量。这种交换量是土壤的阳离子交换量，通常用 1kg 干土中的物质的量表示。

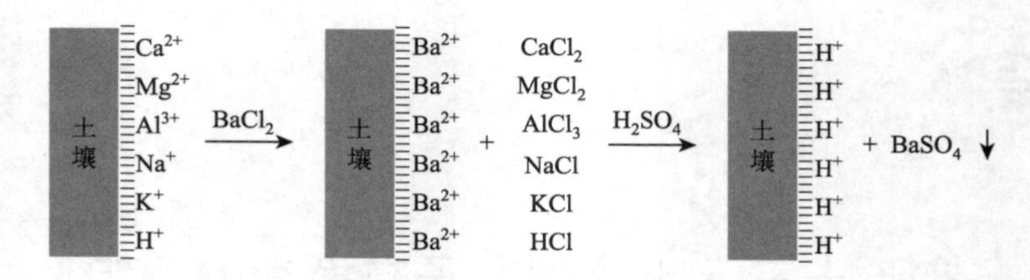

图 13-1　土壤阳离子交换量测定原理示意图

三、仪器与试剂

1. 仪器

离心机；电子天平；50mL 离心管；100mL 锥形瓶；50mL 量筒；10mL、25mL 移液管；25mL 试管；25mL 碱式滴定管。

2. 试剂

（1）0.1mol/L 氢氧化钠标准溶液：称取 2g 分析纯氢氧化钠，溶解于 500mL 煮沸后冷却的蒸馏水中。用电子天平称取两份 0.5000g 邻苯二甲酸氢钾（预先在烘箱中 105℃烘干）于 250mL 锥形瓶中，加 100mL 煮沸后冷却的蒸馏水，溶解完全后再加 4 滴酚酞指示剂，用配制好的氢氧化钠标准溶液滴定至淡红色，消耗的体积为 V_1。同时用煮沸后冷却的蒸馏水做一个空白试验，并从滴定邻苯二甲酸氢钾的氢氧化钠溶液的体积中扣除空白值 V_0。按式（13-1）计算制备的氢氧化钠标准溶液的准确浓度。

$$C_{\mathrm{NaOH}}=\frac{\dfrac{m}{M}}{(V_1-V_0)\times 10^{-3}} \tag{13-1}$$

式中，C_{NaOH} 为氢氧化钠标准溶液的准确浓度，mol/L；m 为邻苯二甲酸氢钾的质量，g；V_1 为滴定邻苯二甲酸氢钾消耗的氢氧化钠体积，mL；V_0 为滴定蒸馏水空白消耗的氢氧化钠体积，mL；M 为邻苯二甲酸氢钾的摩尔质量，g/mol。

（2）0.5mol/L 氯化钡溶液：称取 60g 氯化钡（$BaCl_2 \cdot 2H_2O$）溶于 500mL 蒸馏水中。

（3）0.1%酚酞指示剂：称取 0.1g 酚酞溶于 100mL 乙醇中。

（4）0.1mol/L 硫酸溶液：移取 5.36mL 浓硫酸至 1000mL 容量瓶中，用蒸馏水稀释至刻度。

（5）土壤样品：风干后磨碎，过 200 目筛。

四、实验步骤

（1）取 4 支洁净干燥的 50mL 离心管分别放在小烧杯上，在电子天平上称其总质量（m）（精确至 0.005g，下同）。在其中 2 支离心管中各加入 1.0g 污灌区表层风干土壤样品（m_0），其余 2 支分别加入 1.0g 深层风干土壤样品（m_0），4 支离心管及其相应的称量架均做好标记。

（2）用量筒向各管中加入 20mL 0.5mol/L 氯化钡溶液，用玻璃棒搅拌 4min 后，以 3000r/min 转速离心 5min，直到管内上层溶液澄清。弃去上层清液，再加入 20mL 氯化钡溶液，重复上述步骤一次。离心后保留离心管内的土层。

（3）向各离心管内加 20mL 蒸馏水，用玻璃棒搅拌 1min 后，以 3000r/min 转速离心 5min，直到土壤完全沉积在管底部，上层溶液澄清为止。弃去上层清液，将离心管连同管内土样一起，放在相应的小烧杯上，在电子天平上称出各管的质量（m_G）。

（4）移取 25.00mL 0.1mol/L 硫酸溶液到上述 4 支离心管中，搅拌 1min 后放置 20min，用同样的方法离心沉降。将上清液分别倒入 4 支试管中，再从各试管中分别移取 10.00mL 上清液至 4 个 100mL 锥形瓶中。另外，分别移取 10.00mL 0.1mol/L 硫酸溶液至其余 2 个锥形瓶中。在 6 个锥形瓶中分别加入 10mL 蒸馏水、2 滴酚酞指示剂，用氢氧化钠标准溶液滴定，溶液转为淡红色，且 0.5min 内不褪色即为终点。

样品消耗氢氧化钠标准溶液体积（V_3），10.00mL 0.1mol/L 硫酸溶液耗去的氢氧化钠标准溶液体积（V_4），氢氧化钠标准溶液的准确浓度（C_{NaOH}），连同以上数据一起记入表 13-1 中。

表 13-1　数据记录表

	表层土		深层土			
	1	2	1	2	V_4/mL	1
m_0/g						2
m/g						
m_G/g						平均
V_3/mL					C_{NaOH}/(mol/L)	
CEC/(mol/kg)						
平均 CEC/(mol/kg)						

五、数据处理

按式（13-2）计算土壤阳离子交换量。

$$CEC=\frac{\left[\frac{V_4}{10.00}\times 25.00-\frac{V_3}{10.00}\left(25.00+\frac{m_G-m-m_0}{\rho}\right)\right]\times 10^{-3}\times C_{NaOH}}{m_0\times 10^{-3}} \tag{13-2}$$

式中，CEC 为土壤阳离子交换量，mol/kg；V_4 为滴定 0.1mol/L 硫酸溶液消耗的氢氧化钠标准溶液体积，mL；V_3 为滴定离心沉降后的上清液消耗的氢氧化钠标准溶液体积，mL；m_G 为离心管连同土样及烧杯的质量，g；m 为空离心管连同烧杯的质量；g；m_0 为称取的土样质量，g；C_{NaOH} 为氢氧化钠标准溶液的准确浓度，mol/L；ρ 为水的密度，g/cm^3。

六、思考题

（1）解释说明两种土壤阳离子交换量的差异。

（2）土壤阳离子交换量测定的影响因素有哪些？

（3）除了实验中所用的方法外，还有哪些方法可以用来测定土壤阳离子交换量？各有什么优缺点？

（4）试述土壤的离子交换对污染物迁移转化的影响。

参考文献

康春莉, 徐自立, 马小凡. 2000. 环境化学实验[M]. 长春: 吉林大学出版社.

孔令仁. 1990. 环境化学实验[M]. 南京: 南京大学出版社.

王虹, 崔桂霞. 1989. 用氯化钡缓冲液法测定土壤阳离子交换量[J]. 土壤, 21(1): 49-51.

张彦雄, 李丹, 张佐玉, 等. 2010. 两种土壤阳离子交换量测定方法的比较[J]. 贵州林业科技, 38(1): 45-49.

中国科学院南京土壤研究所. 1979. 土壤理化分析[M]. 上海: 上海科学技术出版社.

实验十四　菲在土壤中的有机碳标化吸附系数

土壤不仅是物质和能量交换的重要场所，也是有机污染物的重要归趋。持久性有机污染物（POPs）是土壤中一类重要的有机污染物，主要来源途径有农药化肥使用、污水灌溉、垃圾填埋、大气沉降及生物质燃烧等，因其降解半衰期长和具有“三致”效应，已严重威胁农产品的质量安全，并造成土壤环境的污染。

吸附-解吸被认为是土壤中有机污染物的主要归趋之一，因此有机污染物的有机碳标化吸附系数（K_{oc}）是非常重要的环境行为参数之一，了解和测定有机污染物的 K_{oc} 将为预测有机污染物在土壤环境中的迁移行为、选择控制和修复方法及制定相应的土壤环境质量标准提供理论依据与技术参考。菲是常见的多环芳烃类化合物，也是典型的土壤有机污染物之一。实验以菲作为有机污染物的代表，用批量平衡法测定菲在土壤中的 K_{oc}。

一、实验目的

（1）掌握批量平衡法测定土壤的 K_{oc} 的方法。

（2）分析 K_{oc} 在评价有机物的环境化学行为中的重要性。

二、实验原理

土壤对有机污染物的吸附作用是有机分子被颗粒表面束缚的物理化学过程，主要包括分配作用和表面吸附作用。分配作用是指土壤有机质对水溶液中有机污染物的溶解作用，吸附等温线常为线性，与表面吸附位点无关。表面吸附作用主要是土壤有机质和矿物质通过化学键和分子间作用力对有机污染物进行表面吸附作用。批量平衡法常用来测定土壤中有机物的 K_{oc}，其原理为：将一定量的土壤固体分别与一定体积不同浓度的有机污染物水溶液加到离心管或碘量瓶中（固液比相同），密封、恒温振荡直至吸附-解吸平衡，离心分离后，分别测定两相中有机污染物的浓度。

三、仪器与试剂

1. 仪器

恒温调速振荡器；电动离心机；高效液相色谱仪（HPLC，紫外检测器）；pH 计；100mL 碘量瓶或 25mL 样品瓶（带盖）；25mL 离心管；100mL、250mL 容量瓶；2mL、10mL、25mL 移液管；0.22μm 滤膜；固体总有机碳分析仪。

2. 试剂

（1）菲固体（纯度＞98%），其在水中的溶解度为 1.0mg/L（25℃）。
（2）氯化钙（分析纯）。
（3）叠氮化钠（分析纯）。
（4）碳酸氢钠（分析纯）。
（5）菲标准储备液：配制 10.00mL 浓度为 500mg/L 的菲的甲醇溶液，于 4℃冰箱保存。
（6）吸附实验的背景溶液：配制 0.01mol/L 氯化钙和 200mg/L 叠氮化钠混合溶液作为批量平衡吸附实验的背景溶液，以控制吸附体系的离子强度和抑制微生物降解作用；用碳酸氢钠调节背景溶液的 pH 为 7，可常温保存 3 个月。
（7）吸附实验的标准使用液（0.5mg/L）：取 250μL 500mg/L 的菲标准储备液于 250mL 容量瓶中（使用液中甲醇的含量＜0.1%），用吸附背景溶液稀释、定容后，充分摇匀，使菲完全溶解。

四、实验步骤

1. 土壤样品的制备及表征

利用棋盘法采集农田表层土壤，室内通风阴干后去除动植物残渣和石块，研磨过 100 目筛，充分混匀，装瓶备用。用固体总有机碳分析仪测定土壤中有机碳含量(f_{oc})，其中 f_{oc} 在 1.0%～3.0%范围内效果最佳。

2. 标准曲线的绘制

用菲标准储备液配制 10.00mL 浓度分别为 0mg/L、0.01mg/L、0.05mg/L、0.10mg/L、0.25mg/L、0.50mg/L 的菲的甲醇-水（体积比为 1∶1）标准溶液。经 0.22μm 滤膜过滤后，用 HPLC 进行分析，以“峰面积-浓度”绘制标准曲线。HPLC 测定条件为：色谱柱为 C_{18} 柱（25cm），流动相由 90%甲醇和 10%水组成，流速为 1.0mL/min，测量波长为 250nm，分析时间为 15min。

3. 吸附实验

（1）分别取 0.00mL、2.00mL、10.00mL、20.00mL、50.00mL、100.00mL 的 0.5mg/L 菲标准使用液于 100mL 的容量瓶中，用吸附背景溶液定容后，充分摇匀，得到起始浓度分别为 0mg/L、0.01mg/L、0.05mg/L、0.10mg/L、0.25mg/L、0.50mg/L 的菲系列溶液，用 HPLC 进行浓度测定。
（2）称取 100mg 的土壤样品于 6 只 100mL 的碘量瓶中，分别加入 25.00mL 不同起始浓度（0mg/L、0.01mg/L、0.05mg/L、0.10mg/L、0.25mg/L、0.50mg/L）的菲溶液，每个点重复 2 次，同时做 1 组对照空白实验（无土壤样品），加盖后，在(25±1)℃、避光条件下振荡 12h；平衡后，于 4000r/min 离心 15min，取 1.00mL 上清液，再加 1.00mL 甲醇助溶，经 0.22μm 滤膜过滤后，用 HPLC 进行分析。

五、数据处理

土壤吸附量按式（14-1）计算，然后按式（14-2）得到 K_F 的值。以平衡浓度和吸附量绘制吸附等温线，按式（14-3）求吸附系数 K_d，并进一步按式（14-4）计算菲在土壤中的 K_{oc}。

在所选定的固液比使有机物的去除率保持在20%～80%、其他损耗忽略不计的情况下，可先测定溶液中有机污染物的浓度，通过差减法求土壤中有机物的吸附量，即

$$Q = \frac{(C_0 - C_e)V}{m} \tag{14-1}$$

式中，Q 为有机污染物在土壤中的平衡吸附量，mg/kg；C_0 为有机污染物在溶液中的起始浓度，mg/L；C_e 为有机污染物在溶液中的平衡浓度，mg/L；V 为溶液的体积，mL；m 为吸附体系中土壤样品的质量，g。

根据平衡浓度 C_e 和吸附量 Q 绘制吸附等温线，用 Freundlich 方程［式（14-2）］进行回归分析。

$$\lg Q = \frac{1}{n}\lg C_e + \lg K_F \tag{14-2}$$

式中，n、K_F 为 Freundlich 经验常数，可以从 $\lg Q$-$\lg C_e$ 线性回归方程的斜率和截距中求得。

有机物吸附系数 K_d 按式（14-3）计算。

$$K_d = \frac{Q}{C_e} = K_F \times C_e^{\frac{1}{n}-1} \tag{14-3}$$

土壤有机碳标化吸附系数 K_{oc} 按式（14-4）计算。

$$K_{oc} = \frac{K_d}{f_{oc}} \tag{14-4}$$

式中，f_{oc} 为土壤中有机碳含量。

六、注意事项

（1）水、土质量的选择要适当，以在振荡过程中保持稳定的土壤悬浮液为宜，对弱吸附的待测物可选择比较小的水土比，对强吸附的待测物可选择比较大的水土比。

（2）温度对吸附也有一定影响，温差一般应控制在±2℃以内。

（3）吸附系数只有在一定条件下才为恒定值，该条件下化合物应无水解、光解、挥发等过程发生。

（4）计算土相中待测物浓度时，需扣除土壤本身所含待测物的量。

七、思考题

（1）分析影响土壤吸附性能的因素。

（2）如何利用 K_{oc} 来预测有机污染物的环境化学行为？其影响因素有哪些？

参 考 文 献

戴树桂. 2006. 环境化学[M]. 北京：高等教育出版社.
董德明，朱利中. 2009. 环境化学实验[M]. 第二版. 北京：高等教育出版社.
孔令仁. 1990. 环境化学实验[M]. 南京：南京大学出版社.

实验十五　土壤对重金属Pb和Cd的吸附

长期以来，土壤中的重金属污染一直是人们关注的焦点。随着人类活动的加剧，越来越多的重金属元素进入土壤中，进入土壤的重金属可以被植物吸收进入食物链，也可能污染地下水，造成饮用水安全问题。土壤对重金属的吸附、解吸控制着其在土壤中的浓度、活性、生物有效性和毒性等，是20世纪60年代至今环境科学研究的热点。吸附是重金属元素在土壤中积累的一个主要过程，是溶质由液相转移到固相的物理化学过程，其决定着重金属在土壤中的移动性、生物有效性和毒性。铅是环境中主要的重金属元素之一，在不同土壤中吸附、解吸特性因土壤性质、环境因素的不同存在较大差异。镉在体内的生物半衰期长达10～30年之久，近年来的研究表明，长期低水平接触镉可引起机体免疫功能下降，从而导致多种疾病的发生，镉已经被美国毒物和疾病登记署列为第七危害人体健康的有害物质。

一、实验目的

（1）掌握用振荡平衡法测定土壤对重金属吸附的方法。

（2）了解不同土壤理化指标对重金属吸附能力的影响。

二、实验原理

重金属离子进入土壤环境后，其吸附形式归纳起来主要有四种：①被土壤胶体吸附；②与腐殖质发生离子交换；③与腐殖酸或富里酸通过螯合等方式结合；④发生化学反应产生沉淀。其中，前三种为物理或物理化学吸附，通常能被中性盐、缓冲液或稀酸等解吸。重金属离子在氧化物表面吸附的机理有多种，主要有游离金属离子与表面 H^+发生离子交换、金属羟基络合物与表面质子交换的水解-吸附机理、pH会影响表面配位基团活性的表面络合机理等。根据吸附机理的不同，土壤胶体对重金属的吸附可分为专性吸附和非专性吸附。非专性吸附也称为可逆吸附或离子交换吸附，吸附离子通过静电引力和热运动的平衡作用，保持在扩散双电层的外层中，可以被等当量的离子置换；而专性吸附则不同，被吸附的重金属离子进入Helmholtz双电层的内层。专性吸附通常是指在高浓度的碱土金属或碱金属阳离子存在时，土壤（或其他吸附剂）对低浓度的重金属离子（两者浓度相差3～4个数量级）的吸附作用。专性吸附的离子在环境条件发生变化时不易被解吸，但部分能被吸附亲和力更强的离子或有机络合剂解吸，而非专性吸附的离子则容易被解吸。

很多因素会影响土壤对重金属的吸附-解吸，如土壤的理化性质、土壤溶液组成、离子强度、溶液 pH、温度、其他重金属的竞争、重金属离子本身的性质均会影响其在土壤表面的吸附行为（如重金属离子的半径、电负性、水解常数等）。但总体上说，土壤理化性质对重金属吸附能力的影响大于重金属本身性质对其的影响。

三、仪器与试剂

1. 仪器

原子吸收分光光度计；恒温振荡器；大容量离心机；酸度计；100 目尼龙筛。

2. 试剂

$Pb(NO_3)_2$：分析纯；$CdCl_2$：分析纯；$NaNO_3$：分析纯；NaOH：分析纯；HNO_3：分析纯。

四、实验步骤

1. 样品采集处理及溶液配制

选择周边无任何企业的土壤，除去表层的覆盖物，采样深度为 0～20cm。土样风干后，磨细过 100 目尼龙筛备用。

用 $Pb(NO_3)_2$、$CdCl_2$ 分别配制不同浓度的 Pb^{2+}、Cd^{2+}单一离子溶液，所有溶液均含 0.01mol/L $NaNO_3$ 电解质，通过加入 NaOH 或 HNO_3 来调节溶液 pH 为 5.5（溶液 pH 为 5.5 时，重金属 Pb、Cd 主要以离子的形式存在）。Pb^{2+}的初始浓度为 1～50mg/L，Cd^{2+}的初始浓度为 0.1～1mg/L。然后用上述溶液分别配制重金属标准混合溶液 1（1mg/L Pb^{2+}和 0.1mg/L Cd^{2+}）、溶液 2（10mg/L Pb^{2+}和 0.2mg/L Cd^{2+}）、溶液 3（20mg/L Pb^{2+}和 0.4mg/L Cd^{2+}）、溶液 4（30mg/L Pb^{2+}和 0.6mg/L Cd^{2+}）、溶液 5（40mg/L Pb^{2+}和 0.8mg/L Cd^{2+}）和溶液 6（50mg/L Pb^{2+}和 1.0mg/L Cd^{2+}）。

2. 吸附实验

采用振荡平衡法进行吸附试验，首先准确称取 1.0g 左右（精确至 0.1mg）土样于 8 个 60mL 聚乙烯塑料瓶中，然后向每份土样中分别加入重金属标准混合溶液 1～6 各 50.00mL，调节样品的 pH 为 5.5。室温振荡 8h，离心，吸取上清液 10.00mL 于 50mL 容量瓶中，加 1 滴 1.0mol/L HNO_3 溶液，用去离子水定容，采用原子吸收分光光度计测定其浓度。以上吸附实验重复做 2 次。

五、数据处理

根据吸附实验前后重金属离子的浓度差，计算土壤中重金属的吸附量，并与平衡液中重金属的浓度绘制吸附等温线。

分别用 Langmuir 方程［式（15-1)］、Freundlich 方程［式（15-2)］描述吸附实验结果，利用方程的拟合结果，分析土壤对重金属的吸附常数。

$$Q = \frac{bK_L C}{1 + K_L C} \tag{15-1}$$

$$Q = K_F C^{1/n} \tag{15-2}$$

式中，b 为土壤对重金属的最大吸附量，mg/kg；K_L、K_F 和 n 为土壤对重金属的吸附常数；Q 为吸附量；C 为吸附平衡浓度。

六、思考题

（1）总结土壤对重金属的吸附具有什么规律。

（2）土壤对重金属的吸附主要受到哪些因素的影响？

参考文献

冯素萍，温超，沈永. 2008. 东平湖不同粒径底泥沉积物中汞的形态分布[J]. 环境监测管理与技术, 20(6): 22-25.

景丽洁，王敏. 2008. 不同类型土壤对重金属的吸附特性[J]. 生态环境, 17(1): 245-248.

林青，徐绍辉. 2008. 土壤中重金属离子竞争吸附的研究进展[J]. 土壤, 40(5): 706-711.

王素梅. 2011. 三峡库区消落带土壤对 Cu, Zn 的吸附-解吸特征研究[D]. 武汉：华中农业大学.

杨亚提，张平. 2001. 离子强度对恒电荷土壤胶体吸附 Cu^{2+}、Pb^{2+} 的影响[J]. 环境化学, 20(6): 565-571.

Arias M, Pdrez-Novo C, Osorio F, et al. 2005. Adsorption and desorption of copper and zinc in the surface layer of acid soils[J]. Journal of Colloid and Interface Science, 288(1): 21-29.

Pueyo M, Lopez-Sanchez J F, Rauret G. 2004. Assessment of $CaCl_2$, $NaNO_3$ and NH_4NO_3 extraction procedures for the study of Cd, Cu, Pb and Zn extraetability in contaminated soils[J]. Analytica Chimica Acta, 504: 217-226.

实验十六　重金属在土壤-植物中的迁移和转化

重金属是一类具有潜在危害的化学污染物，通过污水灌溉、农药和化肥施用、污泥使用和垃圾焚烧及大气沉降等途径进入农业生态系统，导致土壤环境质量恶化。近年来，人们开始认识到重金属极易被植物的根系吸收而向籽实等组织器官迁移，最后通过食物链进入人体，从而对人类的生命健康构成严重威胁。当人们注意到土壤重金属的生态风险时，有关重金属在土壤-植物系统内的迁移转化过程和规律的研究及对重金属污染土壤的治理和植物修复等问题，引起了全世界的高度重视，并成为国内外专家和学者的重要研究课题。

在农业生态环境中，土壤是连接有机界与无机界的重要枢纽，土壤无机污染物中，重金属的污染问题比较突出。这是因为重金属一般不易随水淋滤，不能被土壤微生物所分解，但能被土壤胶体吸附，被土壤微生物富集或被植物吸收，甚至可能转化为毒性更强的物质，或者通过食物链在人体内蓄积，严重危害人体健康。

因此，测量土壤及粮食中重金属元素含量，不仅可以评价粮食的安全性，而且可以掌握重金属在土壤-植物体系中的迁移转化能力。

一、实验目的

（1）掌握利用原子吸收法测定土壤及植物中 Pb、Zn、Cu 和 Cd。

（2）掌握土壤-植物体系中重金属的迁移、转化规律及评价方法。

二、实验原理

在同一地点采集植物和土壤样品，经风干处理后，用酸消解体系将样品中各种价态的待测元素氧化成单一高价态或转换成易于分解的无机化合物，在原子吸收分光光度计上测定其浓度；通过比较土壤和植物中重金属的浓度变化，分析重金属在植物-土壤体系中的迁移能力。

三、仪器与试剂

1. 仪器

原子吸收分光光度计（含 Pb、Zn、Cu、Cd 空心阴极灯）；尼龙筛（10 目和 100 目）；电热板。

2. 试剂

（1）硝酸：优级纯。

（2）硫酸：优级纯。

（3）高氯酸：优级纯。

（4）混合酸：硝酸和高氯酸的体积比为10∶1。

（5）混合标准溶液：用0.2%硝酸稀释金属标准储备液配制而成，使配制的混合标准溶液中Cd、Cu、Pb和Zn浓度分别为10.00mg/L、50.0mg/L、100.0mg/L和10.0mg/L。

四、实验步骤

1. 土壤样品的采集和制备

在植物生长季节，从田间取回土样，倒在塑料薄膜上，晒至半干状态后将土块压碎，除去残根、杂物，铺成薄层，经常翻动，在阴凉处使其慢慢风干。风干土样用有机玻璃棒或木棒敲碎后，过10目尼龙筛，去掉2mm以上的砂砾和植物残体。将上述风干细土反复按四分法弃取，最后留下约100g土样，再进一步磨细，过100目筛，105℃烘干（2～4h），装于玻璃瓶中（注意在制备过程中要防止其他土壤交叉污染），保存于干燥器中。

2. 土壤样品的消解

称取烘干土样0.48～0.52g两份，分别置于高型烧杯中，加少许水润湿，再加入1∶1的硫酸4mL、硝酸1mL，盖上表面皿，在电热板上加热至冒白烟。如消解液呈黄色，可取下稍冷，滴加硝酸后再加热至冒白烟，直到土壤变白。取下烧杯后，用水冲洗表面皿和烧杯壁，将消解液用滤纸过滤至25mL容量瓶中，用水洗涤残渣2～3次，将洗液过滤至容量瓶中，用水稀释至刻度，摇匀备用。同时做1份空白实验。

3. 植物样品的采集和制备

采集与土壤样品同一地点的植物，105℃烘干，再经粉碎，研磨成粉，装入样品瓶，保存于干燥器中。

4. 植物样品的消解

称取1～2g经烘干的植物样品两份，分别置于100mL的锥形瓶中，加8mL混合酸和3～5粒玻璃珠防止暴沸，在烧杯口放置一个小漏斗，在电热板上加热（在通风橱中进行，开始低温，逐渐提高温度，但不宜过高，以防样品溅出），消解至红棕色气体减少时，补加5mL混合酸，总量控制在15mL左右，加热至冒白烟、溶液透明为止。过滤至25mL容量瓶中，用水洗涤滤渣2～3次后，将洗液过滤至容量瓶中，用水稀释至刻度，摇匀备用。同时做1份空白实验。

5. 标准曲线的绘制

在6个50mL比色管中，分别加0.00mL、0.50mL、1.00mL、3.00mL、5.00mL和10.00mL混合标准溶液，用0.2%的硝酸稀释至50mL刻线，测定标准溶液的吸光度，仪器测定条件如表16-1所示。以经空白校正的各标准溶液的吸光度为纵坐标，标准溶液浓度为横坐标，绘制标准曲线。

表16-1　原子吸收分光光度法测定4种重金属的实验条件

测定条件	Cu	Zn	Pb	Cd
测定波长/nm	324.7	213.8	283.3	228.8
通带宽度/nm	0.2	0.2	0.2	0.2
火焰类型	乙炔-空气，氧化型火焰			
灵敏度/(μg/mL)	0.09	0.02	0.50	0.03
检测范围/(μg/mL)	0.05～5.0	0.05～1.0	0.2～1.0	0.05～1.0

6. 土壤及植物中Pb、Zn、Cu和Cd的测定

按照与标准溶液相同的步骤测定空白样和试样的吸光度，记录数据。扣除空白值后，从标准曲线上查出试样中的重金属离子浓度。由于仪器灵敏度的差别，土壤及植物样品中重金属浓度范围不同，必要时应对试液稀释后再测定。

五、数据处理

首先由吸光度，分别通过标准曲线得到被测试液中各重金属离子的浓度，然后根据式（16-1）计算出样品中被测元素的含量。

$$被测元素的含量(\mu g/g)=\frac{\rho\times V}{m} \tag{16-1}$$

式中，ρ 为被测试液的浓度，μg/mL；V 为试液的体积，mL；m 为样品的质量，g。

六、注意事项

（1）电热板加热消解植物样品时，应确保硝酸与高氯酸的比例为10∶1，而且有机质的含量不能太高，否则易引起爆炸，造成实验安全隐患。

（2）植物样品消解终点的判断依据是瓶口的白烟快要消失。

七、思考题

（1）重金属在土壤-植物体系中迁移的影响因素有哪些？

（2）描述几种主要重金属在土壤中的累积和迁移转化。

参考文献

董德明, 朱利中. 2009. 环境化学实验[M]. 第二版. 北京: 高等教育出版社.

江锦花. 2011. 环境化学实验[M]. 北京: 化学工业出版社.

牛司平. 2011. 煤矿环境修复区土壤-植物系统重金属迁移转化特征研究[D]. 淮南: 安徽理工大学.

张继, 熊华斌, 高云涛, 等. 2016. 滇南镍矿区火龙果果实及果园土壤中重金属污染评价[J]. 贵州农业科学, 44(6): 164-166.

实验十七　土壤对农药的吸附作用

农药是现代农业生产重要的生产资料之一，农药经喷洒后约有60%进入土壤中，造成了环境及农产品的污染，不仅间接影响人体健康，还会对植物、土壤自身的生态系统造成严重破坏。

土壤是污染物在环境中迁移、转化、储存的重要介质，也是农药残留的汇和源。土壤的吸附作用在很大程度上影响农药在土壤中的残留、迁移性和挥发性。因此，土壤的吸附作用被认为是农药在土壤-水中归趋的主要因素之一，了解和掌握土壤对农药的吸附作用对规范农药使用、建立健全完整的农药环境评价体系具有重要意义。

本实验选择农田土壤作为吸附剂，吸附水中的农药乙草胺，绘制吸附等温线后，用回归法求土壤对农药的吸附常数，比较不同土壤对农药的吸附能力。

一、实验目的

（1）测定两种土壤对农药的吸附等温线，求吸附常数。

（2）比较不同土壤对农药的吸附能力。

（3）分析土壤对农药吸附的环境化学意义。

二、实验原理

实验通过测定土壤对一系列不同浓度乙草胺的吸附情况（乙草胺浓度采用高效液相色谱仪测定），计算吸附量，绘制吸附等温线，并对吸附等温线进行 Freundlich 线性拟合。

三、仪器与试剂

1. 仪器

高效液相色谱仪（紫外可见检测器）；C_{18}色谱柱；恒温摇床；电动离心机；100mL 碘量瓶；10mL 离心管；0.45μm 玻璃纤维滤膜；超声仪；移液管；25mL 容量瓶；不锈钢筛（2mm）。

2. 试剂

（1）乙草胺标准品。

（2）土壤样品。

（3）乙腈（色谱纯）。

（4）超纯水。

（5）1.000mg/mL 乙草胺标准使用液：准确称取乙草胺标准品 25.0mg（精确到 0.1mg），溶于少量水中，然后定量转移至 25mL 容量瓶中，用超纯水定容至刻线。

四、实验步骤

1. 土壤样品采集和制备

利用棋盘法分别采集旱地和水田的表层土壤，室内通风阴干后去除动植物残渣和石块，研磨，过 2mm 不锈钢筛后装瓶保存。

2. 标准曲线的绘制

移取一定量的乙草胺标准使用液至 25mL 容量瓶中，用超纯水定容，配成浓度分别为 0.00μg/mL、0.25μg/mL、0.50μg/mL、1.00μg/mL、2.00μg/mL、5.00μg/mL、10.00μg/mL 的系列标准溶液，经 0.45μm 滤膜过滤后，高效液相色谱测定。经空白校正后，绘制色谱峰面积对乙草胺含量（μg/mL）的标准曲线。高效液相色谱条件：色谱柱为 C_{18} 柱（5μm，150cm×4.6mm），流动相为体积比为 70∶30 的乙腈和水，检测波长为 215nm，柱温为 35℃，流速为 1mL/min，乙草胺的保留时间为 5.0min。

3. 吸附实验

取 6 个 100mL 碘量瓶，用移液管加入一定体积的乙草胺标准使用液，然后用移液管加入一定体积的蒸馏水使总体积为 10.00mL，配制成乙草胺浓度（C_0）分别为 0.0mg/L、3.0mg/L、6.0mg/L、12.0mg/L、20.0mg/L 和 30.0mg/L 的溶液，分别加入 1.0g（准确称量至 0.1mg）干燥的土壤样品（粒径＜1.00mm），加盖密封后在(30±2)℃下机械振摇 10h，静置 30min 后，以 3000r/min 离心 20min，取上层清液经 0.45μm 滤膜过滤，高效液相色谱测定乙草胺的平衡浓度（C_e）。

五、数据处理

（1）吸附量按式（17-1）计算。

$$Q_e = \frac{(C_0 - C_e)V}{m} \tag{17-1}$$

式中，C_0 为水相中溶质的初始浓度，μg/mL；C_e 为吸附平衡时的浓度，μg/mL；Q_e 为平衡吸附量，μg；V 为液相体积，mL；m 为土壤质量，g。

（2）利用平衡浓度和吸附量，绘制土壤对乙草胺的等温吸附曲线。

（3）利用 Freundlich 方程 $Q_e = KC_e^{1/n}$，通过回归分析，求出方程中的系数 K 及 n，比较两种土壤的吸附能力。Freundlich 方程拟合过程：方程两边同时取对数，得 $\lg Q_e = \lg K + 1/n \lg C_e$，以 $\lg Q_e$ 对 $\lg C_e$ 作图拟合得到一直线，相关系数为 R。$\lg K$ 为截距，表示吸附能力的强弱；$1/n$ 为斜率，表示吸附量随浓度增长的强度。

六、注意事项

（1）正确操作高效液相色谱仪，样品必须经 0.45μm 滤膜过滤后才能进行检测。

（2）采集的土壤样品要具有代表性，土壤样品的制备过程中应避免交叉污染。

七、思考题

（1）影响土壤对农药吸附系数大小的因素有哪些？

（2）土壤对农药吸附作用力有哪些？

参 考 文 献

郭柏栋，何红波，张旭东. 2008. 乙草胺在四种不同土壤中的吸附行为研究[J]. 土壤通报, 39(4): 957-960.

王德海，谭伟，吴晓波，等. 2010. 混合粉剂扑草净和乙草胺的反向高效液相色谱分析[J]. 云南民族大学学报(自然科学版), 19(3): 198-206.

张好，王帅，王玉军. 2013. 乙草胺在酸化黑土中的吸附行为[J]. 东北林业大学学报, 47(7): 137-140.

实验十八　底泥对苯酚的吸附作用

水体中有机污染物的迁移转化途径很多，如挥发、扩散、化学或生物降解等。底泥/悬浮颗粒物是污染物的源和汇。底泥的吸附作用对有机污染物的迁移、转化、归趋及生物效应有重要影响，在某种程度上起着决定作用。底泥对有机物的吸附主要包括分配作用和表面吸附作用。

苯酚是化学工业的基本原料，也是水体中常见的有机污染物。底泥对苯酚的吸附作用与底泥的组成、结构等因素有关。吸附作用的强弱可用吸附系数表示。探讨底泥对苯酚的吸附作用对了解苯酚在水/沉积物多介质中的环境化学行为，乃至水污染防治都具有重要的意义。

一、实验目的

（1）测定两种底泥对苯酚的吸附等温线，求出吸附常数。

（2）比较两种底泥对苯酚的吸附能力。

（3）了解水体中底泥的环境化学意义及其在水体自净中的作用。

二、实验原理

根据试验底泥对一系列浓度苯酚的吸附情况，计算平衡浓度和相应的吸附量，通过绘制吸附等温线，分析底泥的吸附性能和机理。

采用 4-氨基安替比林法测定苯酚，即在 $pH = (10.0 \pm 0.2)$的介质中，在铁氰化钾存在下，苯酚与 4-氨基安替比林反应，生成橙色的吲哚酚安替比林染料，其水溶液在波长 510nm 处有最大吸收。用 2cm 比色皿测量时，苯酚的最低检出浓度为 0.1mg/L。

本实验以组成不同的两种底泥为吸附剂，吸附水中的苯酚，测出吸附等温线后，用回归法求出它们对苯酚的吸附常数，比较它们对苯酚的吸附能力。

三、仪器与试剂

1. 仪器

恒温调速振荡器；低速离心机；可见分光光度计；100mL、250mL 碘量瓶；50mL 离心管；50mL 比色管；2mL、5mL、10mL、20mL 移液管。

2. 试剂

（1）底泥样品的制备：采集河道的表层底泥，去除砂砾和植物残体等大物块，于室温下风干；用瓷研钵捣碎，过 100 目筛（小于 0.15mm），充分摇匀，装瓶备用。

（2）无酚水：于 1L 水中加入 0.2g 经 200℃活化 0.5h 的活性炭粉末，充分振荡后，放置过夜。用双层中速滤纸过滤，或加氢氧化钠使水呈碱性，并滴加高锰酸钾溶液至紫红色，移入蒸馏瓶中加热蒸馏，收集馏出液备用。无酚水应储备于玻璃瓶中，取用时应避免与橡胶制品（橡皮塞或乳胶管等）接触。

（3）淀粉溶液：称取 1g 可溶性淀粉，用少量水调成糊状，加沸水至 100mL，冷却，置于冰箱中保存。

（4）溴酸钾-溴化钾标准溶液（$C_{1/6KBrO_3}=0.1000mol/L$）：称取 2.784g 溴酸钾溶于水中，加入 10g 溴化钾，使其溶解，移入 1000mL 容量瓶中，稀释至刻线。

（5）碘酸钾标准溶液（$C_{1/6KIO_3}=0.0125mol/L$）：称取预先在 180℃烘干的碘酸钾 0.4458g 溶于水中，移入 1000mL 容量瓶中，稀释至刻线。

（6）硫代硫酸钠标准溶液：称取 3.1g 硫代硫酸钠溶于煮沸放冷的水中，加入 0.2g 碳酸钠，稀释至 1000mL，临用前，用碘酸钾标准溶液标定。

标定方法：取 10.0mL 碘酸钾溶液置于 250mL 碘量瓶中，加水稀释至 100mL，加 1g 碘化钾，再加 5mL（1 + 5）硫酸，加塞，轻轻摇匀。置暗处放置 5min，用硫代硫酸钠溶液滴定至淡黄色，加 1mL 淀粉溶液，继续滴定至蓝色刚褪去为止，记录硫代硫酸钠溶液用量。按式（18-1）计算硫代硫酸钠溶液浓度（mol/L）。

$$C_{Na_2S_2O_3}=\frac{0.0125\times V_2}{V_1} \tag{18-1}$$

式中，V_1 为硫代硫酸钠溶液消耗量，mL；V_2 为移取碘酸钾标准溶液体积，mL；0.0125 为碘酸钾标准溶液浓度，mol/L。

（7）苯酚标准储备液：称取 4.00g 无色苯酚溶于水中，转移至 1000mL 容量瓶中，稀释至刻线。在冰箱内保存，至少可稳定一个月。

标定方法：吸取 5.00mL 苯酚储备液于 250mL 碘量瓶中，加水稀释至 100mL，加 20.00mL 0.1000mol/L 溴酸钾-溴化钾标准溶液，再立即加入 10mL 浓盐酸，盖好瓶塞，轻轻摇匀，在暗处放置 10min。加入 2g 碘化钾，盖好瓶塞，再轻轻摇匀，在暗处放置 5min。用硫代硫酸钠标准溶液滴定至淡黄色，加入 2mL 淀粉溶液，继续滴定至蓝色刚好褪去，记录用量。同时以水代替苯酚储备液做空白试验，记录硫代硫酸钠标准溶液滴定用量。苯酚储备液的浓度由式（18-2）计算。

$$\rho_{苯酚}=\frac{(V_3-V_4)\times C\times 15.68}{V_5} \tag{18-2}$$

式中，$\rho_{苯酚}$ 为苯酚标准储备液的浓度，mg/mL；V_3 为空白试验中硫代硫酸钠标准溶液滴定用量，mL；V_4 为滴定苯酚储备液时，硫代硫酸钠标准溶液滴定用量，mL；V_5 为取用苯酚储备液体积，mL；C 为硫代硫酸钠标准溶液浓度，mol/L；15.68 为 1/6 苯酚摩尔质量，g/mol。

（8）苯酚标准吸附中间液（使用时当天配制）：取适量苯酚标准储备液，用水稀释，配制成苯酚浓度为 2000μg/mL 的标准吸附中间液。

（9）苯酚标准使用液（使用时当天配制）：取适量苯酚标准吸附中间液，用水稀释，配制成苯酚浓度为10μg/mL的标准使用液。

（10）缓冲溶液（pH约为10）：称取20g氯化铵溶于100mL浓氨水中，加塞，置于冰箱中保存。

（11）2% 4-氨基安替比林溶液：称取4-氨基安替比林（$C_{11}H_{13}N_3O$）2g溶于水，稀释至100mL，置于冰箱中保存，可使用一周。

（12）8%铁氰化钾溶液：称取8g铁氰化钾［$K_3Fe(CN)_6$］溶于水，稀释至100mL，置于冰箱内保存，可使用一周。

四、实验步骤

1. 标准曲线的绘制

在9支50mL比色管中分别加入0.00mL、1.00mL、3.00mL、5.00mL、7.00mL、10.00mL、12.00mL、15.00mL、18.00mL浓度为10μg/mL的苯酚标准使用液，用水稀释至刻度。加0.5mL缓冲溶液，混匀；然后加入4-氨基安替比林溶液1.00mL，混匀；再加1.00mL铁氰化钾溶液，充分混匀后，放置10min，立即在510nm波长处，用2cm比色皿，以蒸馏水为参比，测量吸光度，记录数据。经空白校正后，绘制吸光度对苯酚含量的标准曲线。

2. 吸附实验

取12个干净的100mL碘量瓶，分为A、B两组，每组6个。在A组碘量瓶内各放入1.0g左右（精确到0.1mg）的沉积物样品a；在B组碘量瓶内各放入1.0g左右（精确到0.1mg）的沉积物样品b。然后按表18-1所给参数加入浓度为2000μg/mL的苯酚标准吸附中间液和无酚水，加塞密封并摇匀后，将瓶子放入振荡器中，在(25±1)℃下，以150～175r/min的转速振荡8h，静置30min后，在低速离心机上以3000r/min的转速离心5min，移出上清液10.00mL至50mL容量瓶中，用水稀释定容至刻线，摇匀，然后移出数毫升（视平衡浓度而定）至50mL比色管中，用水稀释至刻线，测定吸光度，从标准曲线中计算苯酚的浓度及苯酚的平衡浓度。

表18-1　苯酚加入浓度系列

序号	1	2	3	4	5	6
苯酚标准吸附中间液/mL	1.00	3.00	6.00	12.50	20.00	25.00
无酚水/mL	24.00	22.00	19.00	12.50	5.00	0.00
起始浓度 ρ_0/(mg/L)	80	240	480	1000	1600	2000
稀释后的上清液/mL	2.00	1.00	1.00	1.00	0.50	0.50
稀释倍数 N	125	250	250	250	500	500
吸光度						
平衡浓度 ρ_e/(mg/L)						
吸附量 Q/(mg/kg)						

五、数据处理

（1）计算平衡浓度 ρ_e 及吸附量 Q。

$$\rho_e = \rho \times N \tag{18-3}$$

$$Q = \frac{(\rho_0 - \rho_e) \times V}{m} \tag{18-4}$$

式中，ρ_0 为起始浓度，mg/L；ρ_e 为平衡浓度，mg/L；ρ 为吸光度在工作曲线上查得的测量浓度，mg/L；N 为溶液的稀释倍数；V 为吸附实验中所加苯酚标准吸附中间液和无酚水的体积之和，mL；m 为吸附实验所加底泥样品的质量，g；Q 为苯酚在底泥样品上的吸附量，mg/kg。

（2）利用平衡浓度和吸附量数据绘制苯酚在底泥上的吸附等温线。

（3）利用吸附方程 $Q = K\rho^{1/n}$，通过回归分析求出方程中的常数 K 及 n，比较两种底泥的吸附能力。

六、注意事项

（1）实验用水应为无酚水。

（2）移取上清液时应小心操作，防止上清液污染。

七、思考题

（1）影响底泥对苯酚吸附系数大小的因素有哪些？

（2）哪种吸附方程更能准确描述底泥对苯酚的吸附等温线？

参 考 文 献

董德明，花修艺，康春莉. 2010. 环境化学实验[M]. 北京：北京大学出版社.

董德明，朱利中. 2009. 环境化学实验[M]. 第二版. 北京：高等教育出版社.

李元. 2007. 环境科学实验教程[M]. 北京：中国环境科学出版社.

实验十九　底泥中汞的形态分析

自20世纪50年代日本爆发水俣病事件以来，汞在水体（包括底泥）中的分布特征及其环境效应一直受到人们的关注。汞作为一种生物毒性很强的环境污染物中，在生物体内易积累、难分解，具有强烈的致畸、致癌作用，严重威胁着人类健康。目前，我国近一半河流（河段）和城市水域受到不同程度的污染，松花江、长江、珠江、苏州河、滇池等主要河流的部分河段和湖塘存在不同程度的重金属（主要是汞、砷、镉等）污染。水体中汞污染已经成为世界性的重要水环境问题，河流汞污染的治理也迫在眉睫。汞是水体中典型的重金属污染物，其毒性的大小不仅与它们的总量有关，更与它们的存在形态有直接关系。例如，甲基汞的毒性比无机汞大100倍，因此，研究和测定底泥中汞的存在形态，对于研究汞在河流及底泥中的迁移、转化、归趋，以及评价河流对汞的自净能力及最终治理水体汞污染具有重要的现实意义。

一、实验目的

（1）掌握利用测汞仪测定有机汞和无机汞的方法。

（2）了解水体底泥中汞的分布特征和对环境产生的潜在影响。

二、实验原理

表层沉积物是水体生态系统的重要组成部分，是水体各种污染物的汇聚处和源头。由各种途径进入水体的重金属通过吸附、络合或共沉淀作用很容易转入水体沉积物中，并发生富集，致使沉积物中重金属含量相对于上覆水中要高出几个数量级。含汞污染物进入水体后，部分能迅速被悬浮物吸附，经絮凝沉降进入底质，由液相转向固相；同时，吸附在悬浮物和沉积物中的汞会重新解吸，再由固相进入液相水体，对水体造成二次污染。汞对生态环境的影响与其存在形式、毒性有很大的关系。因此，本实验根据各种形态汞在不同浸取液中的不同溶解度，采用连续化学浸提法测定底泥中汞存在的水溶态、酸溶态和碱溶态浓度。

三、仪器与试剂

1. 仪器

测汞仪；高容量离心机；水浴恒温振荡器；电热板；玛瑙研钵；100目尼龙筛。

2. 试剂

（1）乙酸（HAc）：0.11mol/L 和 1mol/L。
（2）盐酸羟胺（$NH_2OH·HCl$）：0.1mol/L。
（3）HNO_3：优级纯。
（4）30% H_2O_2。
（5）$HClO_4$：优级纯。
（6）HF：优级纯。
（7）10% $SnCl_2$ 溶液。
（8）盐酸羟胺（12%）-氯化钠（12%）溶液。
（9）溴化剂：溴酸钾（0.1mol/L）-溴化钾（1%）溶液。
（10）1mg/L 汞标准液。

四、实验步骤

1. 样品采集与处理

用采泥器采取 0～5cm 的表层软泥，立即装入聚乙烯的塑料袋中，运回实验室放到阴凉处风干，去除植物根系、底栖生物和石块等杂质，采用四分法取出 100g 并且用玛瑙研钵磨碎后过 100 目尼龙筛，冷藏待用。

2. 标准曲线的绘制

取 1mg/L 的汞标准溶液 5mL 加入 500mL 容量瓶中，用去离子水稀释定容，此时汞的浓度为 10ng/mL。再分别移取上述溶液 0.00mL、1.00mL、2.00mL、3.00mL、4.00mL、5.00mL 到 50mL 比色管中，用 5%的硝酸溶液定容。加入 1.00mL 10% $SnCl_2$ 溶液，加盖橡胶反口塞，摇动 10min 后，用 20mL 注射器取出 10mL 气体，注入吸收池中，测定透光率。根据汞含量与透光率的关系，绘制标准曲线。

3. 汞形态分级提取方法

（1）乙酸可提取态：准确称取底泥样品 1.0g（精确至小数点后四位）于 100mL 离心管中，加入 0.11mol/L HAc 溶液 40mL，在室温下振荡提取 16h，5000r/min 离心分离，取其上清液；残渣用 8mL 0.11mol/L HAc 溶液清洗，离心分离，合并上清液后，定容至 50mL，作为待测液；残渣用于下一步分级提取。

（2）可还原态：在（1）的残渣中，加入 0.1mol/L $NH_2OH·HCl$ 40mL（用 HNO_3 调 pH 为 2.0），室温下振荡 16h，操作步骤同上，残渣用于下一步分级提取。

（3）可氧化态：在（2）的残渣中分多次滴加 10mL 体积分数 30%的 H_2O_2，摇匀，室温下放置 1h，间歇式摇动，低温水浴加热，使 H_2O_2 作用完全，于(85±2)℃恒温加热，蒸发近干，补加 30% H_2O_2 10mL 继续蒸发至溶液剩余约 2mL。冷却后加入 1mol/L HAc 溶液

3mL（用 HNO_3 调 pH 为 2.0），摇匀，振荡 0.5h，离心分离后取上清液，残渣中再加入 4mL 1mol/L HAc 溶液（用 HNO_3 调 pH 为 2.0），摇匀，振荡 0.5h，离心分离后合并上清液，定容至 10mL 作待测液，残渣用于下一步消解。

（4）残渣态：将（3）提取的残渣，置于 50mL 聚四氟乙烯坩埚中，分别加入 10mL HNO_3、2mL $HClO_4$ 和 2mL HF 作为消解液，低温消解至近干，重复补加消解液 3 次，最后加入 1mL $HClO_4$，蒸发至冒白烟以除去剩余的 HF，用去离子水稀释定容至 25mL 容量瓶中，待测。

（5）测定：利用测汞仪测定标准溶液和底泥中各形态汞的含量。

4. 无机汞和有机汞的测定方法

（1）无机汞的测定：在反应瓶中加入一定体积浸提液，用 5%的 HNO_3 稀释至 19mL，加入 1mL 10% $SnCl_2$，使溶液体积达 20mL，密闭，振荡 1min，放置 10min，用注射器抽取 10mL 气体注入测汞仪吸收池内测定透光率。

（2）有机汞的测定：取一定体积的酸溶、碱溶和 H_2O_2 处理获得的浸提液于反应瓶中，加入溴化剂 1mL、盐酸（1∶1）2～3mL 使盐酸浓度为 2mol/L，摇匀，放置 5min，滴加盐酸羟胺-氯化钠溶液至黄色消失，再多加 1～2 滴，然后按无机汞的测定方法进行测定。

五、数据处理

通过标准曲线，计算得到各种浸提液的透光率所对应的汞含量，由此计算出底泥样品中各种形态汞的含量，最后计算出底泥样品中总汞含量。

六、思考题

（1）底泥中汞的来源有哪些？

（2）哪些因素对底泥中汞的测定会产生影响？

（3）所测试样品中的汞达到了水环境质量的哪级标准？由此你认为该样品的取样流域未来应采取哪些措施？

参考文献

曹超，钱建平，雷怀彦. 2009. 漓江水系底泥汞的分布特征及形态研究[J]. 厦门大学学报(自然科学版), 48(5): 768-772.

董德明，朱利中. 2009. 环境化学实验[M]. 第二版. 北京：高等教育出版社.

杜卫莉. 2009. 原子荧光光度法应用于湖泊底泥中汞和砷的形态分析[J]. 广东化工, 36(5): 73-75.

冯素萍，温超，沈永. 2008. 东平湖不同粒径底泥沉积物中汞的形态分布[J]. 环境监测管理与技术, 20(6): 22-25.

李功振，韩宝平，葛冬梅. 2008. 京杭大运河(苏北段)底泥中汞的总量与形态的分布研究[J]. 中国环境监测, 24(1): 75-77.

张丽华，胥学鹏，史宝成. 2005. 河流底泥中甲基汞、乙基汞的测定[J]. 中国环境监测, 21(2): 14-16.

实验二十　腐殖酸对汞的配位作用

国际公认最具潜在危害性的重金属有汞、镉、铅、锡等。其中，汞是毒性最大、危害最广、深受关注的化学物质。随着汞对水体、大气和土壤污染的日益加重，汞的生物化学循环已成为当今学者研究的重点。土壤是陆地生态系统中最大的汞接纳库，土壤有机质的重要组分——腐殖酸，具有吸收性能、土壤缓冲性能及与重金属的络合性能，这些性能对土壤结构、土壤性质和土壤质量都有重要影响。所以，腐殖酸与汞（矿物结合态）之间的相互作用，是一种很重要的环境行为，对研究汞在环境中的迁移性和毒性非常重要。吸附和解吸是金属离子进入土壤后必然发生的反应过程，其中起重要作用的是土壤有机质，因此，研究汞离子在腐殖酸上的吸附特性，对了解金属离子的生物有效性和降低重金属的生物毒性具有重要意义。

一、实验目的

（1）了解土壤中腐殖酸对汞的配位作用。

（2）掌握不同组成的腐殖酸对汞的分布影响。

二、实验原理

腐殖质是自然环境中广泛存在的一类高分子物质，由动植物残体通过复杂的生物、化学作用而形成。腐殖酸是腐殖质中的重要组分，占土壤和水圈生态体系中总有机质的50%～80%。腐殖酸是土壤有机质的重要组成部分，其分子内含有羰基、羧基、醇羟基和酚羟基等多种活性官能团，它们能够与重金属发生各种形式的结合，影响重金属在土壤环境中的形态转化、移动性和生物有效性。富里酸/胡敏酸（FA/HA）是衡量腐殖酸腐殖化程度的一个重要指标，腐殖酸的腐殖化程度不同，其结构、组成、性质也有所差异，对土壤中重金属的迁移转化会产生不同的影响。

三、仪器与试剂

1. 仪器

测汞仪；振荡器；磁力搅拌器；离心机。

2. 试剂

腐殖酸：分析纯；氯化亚锡：分析纯；1mg/L 汞标准液；浓盐酸：分析纯；重铬酸钾：分析纯；硝酸：分析纯。

四、实验步骤

1. 样品采集与处理

供试土样可采自附近农地表层或有植被覆盖的林下表土。采集前先将覆盖物去除，采集的土样于阴凉通风处放至半干，捏碎土块，完全风干并过 2mm 筛后储存于棕色玻璃瓶中备用。

2. 标准曲线的绘制

取 1mg/L 汞标准溶液 5mL 加入 500mL 的容量瓶中，用去离子水定容，此时汞的含量为 10ng/mL。分别吸取上述溶液 0.00mL、1.00mL、2.00mL、3.00mL、4.00mL、5.00mL 到 50mL 比色管中，然后用 5%的硝酸定容。加入 1.0mL 10%氯化亚锡溶液，加盖橡胶反口塞，摇动 10min 后，用 20mL 注射器取出 10mL 气体，注入吸收池中，测定吸光度。根据汞含量与透光率的关系，绘制标准曲线。

3. 样品测定

分别称取 1.0g（准确至 0.1mg）腐殖酸到 6 个具塞锥形瓶中，各加入 50.00mL 上述配制好的不同浓度的汞溶液，瓶口密封后将锥形瓶放到调速振荡器上匀速振荡，并保持恒温，振荡器振速为 150r/min。待振荡后取下锥形瓶，将混合物用 0.45μm 微孔滤膜过滤，然后用测汞仪测定滤液的吸光度，并根据吸附前后的浓度差计算腐殖酸对汞的吸附量。

五、数据处理

（1）根据建立的标准曲线计算样品滤液中的汞含量。
（2）根据吸附前后滤液中汞的浓度差计算腐殖酸对汞的吸附量。

六、注意事项

测汞仪在使用时应严格按照操作程序来操作，尤其要控制好进气的流量。

七、思考题

（1）腐殖酸对土壤中汞的配位作用主要受到哪些因素的影响？
（2）根据实验结果，你认为测试样品腐殖酸的配位能力如何？

参 考 文 献

冯素萍，沈永，裘娜. 2009. 腐殖酸对汞的吸附特性与动力学研究[J]. 离子交换与吸附, 25(2): 121-129.
高洁，李雪梅，闫金龙. 2014. 腐殖酸对灰棕紫泥中汞赋存形态的影响[J]. 水土保持学报, 28(5): 199-203.

贺婧，颜丽，杨凯，等. 2003. 不同来源腐殖酸的组成和性质的研究[J]. 土壤通报, 34(4): 343-345.

奚旦立，孙裕生，刘秀英. 1996. 环境监测[M]. 北京：高等教育出版社.

Kaschl A, Römheld V, Chen Y. 2002. Cadmium binding by fractions of dissolved organic matter and humic substances from municipal solid waste compost[J]. Journal of Environmental Quality, 31(6): 1885-1892.

Varshal G M, Koshcheeva I Y, Khushvakhtova S D. 1999. Complex-formation of mercury with humus acids：an important stage of the biospheric mercury cycle[J]. Gechemistry International, 37(3): 229-234.

第二部分　综 合 实 验

实验二十一　Hβ沸石对双酚A的吸附行为

双酚A（BPA）是一种典型的新型有机污染物，其化学结构与雌激素相似。国内外许多试验证明了双酚A具有微弱的雌激素样作用及较强的抗雄激素样作用，会干扰人类或动物的内分泌系统。双酚A制品的生产和使用造成大量双酚A通过各种途径进入水体、土壤和沉积物中，其在环境中的分布、迁移、转化及其环境生态风险也普遍引起社会各界的研究和关注。

天然矿物是指在地壳各种物质的综合作用下形成的天然单质或化合物，如沸石、蒙脱石、硅藻土、高岭土、黏土和膨润土等。其中，沸石是环境治理领域中较为常见的一种无机矿物吸附剂，其具有孔道规则、比表面积大和易于回收等优点，因而，在去除水体中氮磷、有机污染物和重金属离子等方面得到了广泛的应用。

一、实验目的

（1）掌握吸附实验技术。
（2）了解影响吸附的主要因素。
（3）掌握沸石对有机污染物的吸附行为及吸附机理。

二、实验原理

沸石是一种具有多孔道架状结构的硅铝酸盐黏土类矿物，其化学结构通式为[M(Ⅰ), M(Ⅱ)]O-Al_2O_3-$n$$SiO_2$-$m$$H_2O$。其中，M(Ⅰ)和M(Ⅱ)分别代表一价和二价金属（通常为Na、K、Ca、Sr和Ba等）；n为沸石中的硅铝比，它的比值直接决定了沸石的性质；m为水分子数量，沸石中水分可通过加热脱去而不影响沸石结构。沸石最基本的结构单元是SiO_4和AlO_4四面体，其中Si或Al位于四面体的中心，O则位于四面体各个顶点。四面体不能以“边”或“面”相连而只能以顶点相连，即共用一个O原子。AlO_4四面体本身不能相连，其间至少有一个SiO_4四面体。而SiO_4四面体却可以直接相连，并且SiO_4四面体中的Si还可被Al原子置换而构成AlO_4四面体。由于Al原子是三价的，所以在AlO_4四面体中，有一个O原子的电荷没有被中和而产生电荷不平衡，使整个AlO_4四面体带负电。常见的沸石主要有ZSM-5型沸石（0.54nm×0.56nm）、β型沸石（0.57nm×0.75nm）和Y型沸石（0.74nm×0.74nm）。本实验以新型的有机污染物双酚A为模拟污染物，研究β型沸石对双酚A的吸附性能，考察影响吸附性能的因素（双酚A的初始浓度、温度、pH和吸附剂用量等），利用吸附动力学模型、等温吸附模型和吸附热力学模型讨论吸附机理。

三、仪器与试剂

1. 仪器

紫外分光光度计；万分之一电子分析天平；pH计；台式恒温振荡器。

2. 试剂

（1）氢型β型沸石（Hβ，硅铝比为50）。
（2）双酚A（纯度为99%）。
（3）混合纤维素滤膜（孔径0.45μm）。

四、实验步骤

1. 双酚A溶液配制的方法

双酚A固体颗粒在水中溶解度很低，在配制双酚A溶液时，需根据欲配制溶液中双酚A的质量计算出需加入的分析纯乙醇的体积。例如，配制1L的200mg/L双酚A溶液时，称取200mg的双酚A固体溶解于40mL的无水乙醇，然后加入一定体积的超纯水定容，超声分散10min，摇匀备用，其他较低浓度的双酚A溶液用超纯水稀释即可。在紫外分光光度计波长277nm处，以水为参比，测定吸光度*A*。利用所测得的标准系列的吸光度对浓度作图，绘制标准曲线。

2. 吸附动力学实验

采用批量实验，分别称取0.0100g Hβ沸石于编有序号的50mL碘量瓶中，用移液管准确移取10.00mL 100mg/L双酚A溶液加入其中，置于温度为20℃、转速为250r/min的恒温振荡器中振荡吸附。分别于0min、2min、4min、6min、8min、10min、20min、40min、60min、80min、100min、120min、140min和160min取出一瓶，经0.45μm混合纤维素滤膜过滤，用紫外分光光度法测定残余双酚A溶液的浓度，绘制双酚A吸附量随时间的变化曲线。

3. 双酚A初始浓度对吸附的影响

分别称取0.0100g Hβ沸石于编有序号的50mL碘量瓶中，用移液管准确移取10.00mL浓度分别为20mg/L、40mg/L、50mg/L、60mg/L、80mg/L、100mg/L、120mg/L、150mg/L的双酚A溶液，吸附温度为20℃，转速为250r/min进行振荡，2h后取样，0.45μm混合纤维素滤膜过滤，用紫外分光光度法测定残余双酚A溶液的浓度，绘制双酚A平衡吸附量随双酚A初始浓度的变化曲线。

4. 温度对吸附的影响

分别称取0.0100g Hβ沸石于编有序号的50mL碘量瓶中，用移液管准确移取10.00mL

100mg/L 双酚 A 溶液加入其中，吸附温度分别为20℃、30℃、40℃和 50℃，转速为250r/min 进行振荡，2h 后取样，0.45μm 混合纤维素滤膜过滤，用紫外分光光度法测定残余双酚 A 溶液的浓度，绘制平衡吸附量随温度的变化曲线。

5. pH 对吸附的影响

配制 100mg/L 双酚 A 溶液，并用 0.1mol/L 的 HCl 或 NaOH 溶液调节其 pH 至 3.0、5.0、7.0、9.0 和 11.0。分别称取 0.0100g Hβ 沸石于编有序号的 50mL 碘量瓶中，用移液管准确移取 10.00mL 不同 pH 的双酚 A 溶液，吸附温度为 20℃，转速为 250r/min 进行振荡，2h 后取样，0.45μm 混合纤维素滤膜过滤，用紫外分光光度法测定残余双酚 A 溶液的浓度，绘制平衡吸附量随 pH 的变化曲线。

6. 吸附剂用量对吸附的影响

分别称取 0.0010g、0.0050g、0.0100g 和 0.0200g Hβ 沸石于编有序号的 50mL 碘量瓶中，用移液管准确移取 10.00mL 100mg/L 双酚 A 溶液，吸附温度为 20℃，转速为 250r/min 进行振荡，2h 后取样，0.45μm 混合纤维素滤膜过滤，用紫外分光光度法测定残余双酚 A 溶液的浓度，绘制平衡吸附量随吸附剂用量的变化曲线。

五、数据处理

（1）吸附容量（q_e）表示单位质量吸附剂达吸附平衡时所吸附的双酚 A 的质量，其单位为 mg/g，吸附容量按式（21-1）计算。

$$q_e = \frac{(C_0 - C_e)V}{m} \tag{21-1}$$

式中，C_0 为双酚 A 的初始浓度，mg/L；C_e 为双酚 A 的平衡浓度 mg/L；V 为双酚 A 溶液的体积，L；m 为吸附剂用量，g。

（2）吸附动力学数据。利用准一级动力学模型［式（21-2）］和准二级动力学模型［式（21-3）］对实验步骤 2 获得的数据进行线性拟合，可以对吸附剂与双酚 A 间的吸附情况进行简单的动力学分析。

$$\ln(q_e - q_t) = \ln q_e - k_1 t \tag{21-2}$$

式中，q_e 和 q_t 分别为吸附剂吸附双酚 A 在平衡状态下和 t 时刻的吸附量，mg/g；k_1 为准一级动力学吸附速率常数，min^{-1}。

$$\frac{t}{q_t} = \frac{1}{k_2 q_e^2} + \frac{1}{q_e} t \tag{21-3}$$

式中，k_2 为准二级动力学吸附速率常数，g/(mg/min)；q_e 和 q_t 同式（21-2）。

$t_{0.5}$ 为吸附剂吸附双酚 A 的量达到平衡吸附量一半时所需要的时间，得到式（21-4）。

$$t_{0.5} = \frac{1}{kq_e} \tag{21-4}$$

（3）吸附等温线。本实验采用了 Langmuir［式（21-5）］、Freundlich［式（21-6）］、Redlich-Peterson［式（21-7）］三种吸附模型对沸石吸附双酚 A 的实验数据进行拟合。

Langmuir 吸附模型是基于吸附剂表面是均匀的，吸附质分子之间没有相互作用力，属于完全独立粒子，吸附仅是单分子层吸附的假定条件下推导出来的。

$$q_e = \frac{q_m K_L C_e}{1 + K_L C_e} \tag{21-5}$$

式中，q_m 为吸附剂对双酚 A 的最大吸附量（或饱和吸附量），mg/g；K_L 为 Langmuir 吸附平衡常数，是吸附速率和解吸速率的比值，可体现吸附剂对吸附质的吸附强度，L/mg；C_e 和 q_e 同式（21-1）和式（21-2）。

Freundlich 吸附模型是基于吸附质在多相表面上的吸附而建立的经验吸附平衡模式。

$$q_e = K_F C_e^{\frac{1}{n}} \tag{21-6}$$

式中，C_e 为吸附平衡时吸附质的平衡浓度，mg/L；q_e 为吸附平衡时吸附剂对吸附质的吸附量，mg/g；K_F 为 Freundlich 吸附平衡常数，较大的 K_F 值是吸附剂较好吸附性能的表征，一般来说，K_F 随温度的升高而降低；$1/n$ 值一般在 0～1 之间，其值大小则表示浓度对吸附量影响的强弱。若 $0.1<1/n<0.5$，则表示吸附容易进行；若 $1/n>2$，则表示吸附难以进行。

Redlich-Peterson 吸附模型是结合了 Langmuir 模型和 Freundlich 模型吸附等温线特征而建立的较为合理的吸附平衡模式。

$$q_e = \frac{K_{RP} a_{RP} C_e^{\beta}}{1 + a_{RP} C_e^{\beta}} \tag{21-7}$$

式中，a_{RP} 为与吸附能力有关的经验常数；K_{RP} 为与吸附量有关的常数；β 为介于 0～1 之间的经验常数。显然当 $\beta = 1$ 时，Redlich-Peterson 吸附模型即为 Langmuir 吸附模型。

（4）研究吸附热力学参数，能够更为深入地了解与吸附相关的内部能量变化情况。热力学参数通常包括标准吉布斯自由能（$\Delta G^{\ominus}$）、标准热力学焓变（$\Delta H^{\ominus}$）和标准热力学熵变（$\Delta S^{\ominus}$）。三者的关系如式（21-8）所示。

$$\Delta G^{\ominus} = \Delta H^{\ominus} - T\Delta S^{\ominus} \tag{21-8}$$

其中，$\Delta G^{\ominus}$ 可由式（21-9）计算得出。

$$\Delta G^{\ominus} = -RT \ln K_C \tag{21-9}$$

式中，R 为摩尔气体常量，取值 8.314J/(mol/K)；T 为热力学温度，K。吸附分布系数 K_C 按式（21-10）和式（21-11）计算。

$$K_C = \frac{C_0 - C_e}{C_e} \tag{21-10}$$

综上可得

$$\ln K_C = -\frac{\Delta H^{\ominus}}{RT} + \frac{\Delta S^{\ominus}}{R} \tag{21-11}$$

以 $\ln K_C$ 对 $-1/T$ 作图即可得到一个线性函数，根据所得直线的斜率和截距能计算出 $\Delta H^{\ominus}$ 和 $\Delta S^{\ominus}$ 的值。

六、思考题

（1）常用的吸附剂有哪些？

（2）影响吸附的主要因素有哪些？

（3）有哪些吸附模型可描述吸附质与吸附剂之间的相关作用？

参 考 文 献

谢杰, 王哲, 吴德意, 等. 2012. 表面活性剂改性沸石对水中酚类化合物吸附性能研究[J]. 环境科学, 33(12): 4361-4366.

张杭丽. 2012. 改性沸石对双酚A和呋喃丹的吸附研究[D]. 杭州: 浙江工业大学.

张学嘉. 2014. 改性Hβ沸石及其TiO_2复合材料对水体中双酚A的去除研究[D]. 昆明: 云南大学.

实验二十二　二氧化钛/还原氧化石墨烯复合光催化剂的制备及降解双酚 A

环境内分泌干扰物是一种新型的外源性有机污染物，能进入人体或动物体内与细胞受体结合，干扰生物体内荷尔蒙的合成、体内输送、结合或分解等生物过程，严重干扰和破坏人类及野生动物的内分泌系统，使得内分泌功能紊乱，从而对机体的生殖发育、免疫系统、神经系统等多方面产生异常效应。双酚 A 是一种典型的环境内分泌干扰物，通常易溶于乙醇、丙酮、乙醚、苯等有机溶剂，难溶于水，是一种疏水性很强的有机化合物。它是生产聚碳酸酯、环氧树脂等多种高分子材料的主要原料，也可用于生产增塑剂、阻燃剂、抗氧化剂、热稳定剂、橡胶防老剂、农药、涂料、燃料等精细化工产品，社会需求量巨大。据统计，2012 年我国双酚 A 的消费量大约为 50 万吨，全球每年双酚 A 产量为 300 万吨。双酚 A 制品的生产和使用过程可造成大量双酚 A 通过各种途径进入水体。双酚 A 可在江河水、湖泊水、生活污水和污水处理厂进水口和出水口中大量检出，甚至在部分饮用水中也有检出。因此，这类污染物的有效去除具有重要的意义。

一、实验目的

（1）了解光催化降解有机污染物的基本原理。

（2）掌握水热法制备二氧化钛/还原氧化石墨烯复合材料。

（3）掌握光催化降解有机污染物实验技术。

二、实验原理

半导体光催化技术是一种新的“环境友好型”的水处理技术，它利用光照条件下半导体受激发产生的光生载流子参与有机污染物的氧化还原反应，使得有机污染物最终变为无毒的 CO_2 和 H_2O。二氧化钛光催化降解有机污染物的原理如下所示。

$$TiO_2 + h\nu(<387nm) \longrightarrow TiO_2(e^-_{CB} + h^+_{VB})$$

$$TiO_2(e^-_{CB}) + (O_2)_{吸附} \longrightarrow TiO_2 + O_2^{-}\cdot$$

$$O_2^{-}\cdot + H^+ \longrightarrow HO_2\cdot$$

$$2HO_2\cdot \longrightarrow O_2 + H_2O_2$$

$$TiO_2(e^-_{CB}) + H_2O_2 \longrightarrow TiO_2 + OH^- + \cdot OH$$

$$TiO_2(h^+_{VB}) + (H_2O \rightleftharpoons H^+ + OH^-) \longrightarrow TiO_2 + \cdot OH + H^+$$

$$\cdot OH + 有机污染物 \longrightarrow CO_2 + H_2O$$

$$TiO_2(h^+_{VB}) + 有机污染物 \longrightarrow CO_2 + H_2O$$

常用的光催化剂包括半导体金属氧化物（TiO_2和ZnO）、金属硫化物（CdS）、钙钛矿（$CaTiO_3$）、多金属氧酸盐、银基光催化材料（Ag_3PO_4）、铋基光催化材料（Bi_2O_3、$BiVO_4$、Bi_2WO_6、Bi_2MoO_6）和卤氧化铋光催化剂（BiOCl、BiOBr和BiOI）等几种类型。

石墨烯是一种新型材料，由sp^2杂化的碳原子以六边形排列形成了周期性蜂窝状结构，厚度只有0.335nm，它具有导电能力好［室温下电子迁移率可达200000$cm^2/(V·s)$］、比表面积大（2630m^2/g）、质量轻、力学性能好、导热性好[5000W/(m·K)]等优点。将使用最广的二氧化钛与石墨烯复合，制备二氧化钛/还原氧化石墨烯复合材料，该材料具有如下优点：①利用石墨烯大的比表面积和强的疏水能力，可吸附富集双酚A等疏水性有机污染物，增加了复合光催化剂表面有机污染物的浓度，加快了疏水性有机污染物迁移至复合催化剂表面的速率，解决了因二氧化钛比表积小和极性性质而对疏水性有机污染物基本没有吸附能力的问题，从而提高了光催化降解的效率。②利用石墨烯的优异导电性能，捕获光生电子，从而降低二氧化钛表面光生电子-空穴对的复合概率，大大增加了复合光催化剂的光催化活性。③通过对复合光催化剂的紫外-可见光光谱的研究，可响应至可见光区，特别是对有机染料的降解，石墨烯可起到光敏化作用，增大了可见光光催化降解的效率，可部分解决只能在紫外光下降解的限制。因此，石墨烯/还原氧化二氧化钛复合光催化剂的研究成为新的热点。

三、仪器与试剂

1. 仪器

50mL高温高压反应釜；磁力搅拌器；高效液相色谱仪；电子分析天平；真空干燥箱；光化学反应仪（图22-1）；超声仪；混合纤维素滤膜（孔径0.45μm）；离心机。

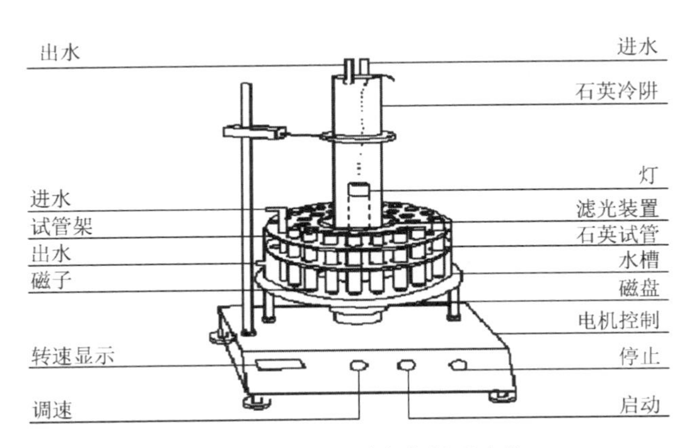

图22-1　XPA-7型光化学反应仪

2. 试剂

（1）商品二氧化钛（P25）。

（2）氧化石墨：自制。

（3）双酚 A：分析纯，99%。
（4）无水乙醇：分析纯。
（5）乙腈：色谱纯。
（6）纯净水。
（7）甲醇。

四、实验步骤

1. 光催化剂的制备

（1）氧化石墨烯溶液的制备：准确称取 0.3000g 氧化石墨于 150mL 水和无水乙醇的混合溶剂（体积比为 2∶1），制得 2mg/mL 的氧化石墨悬浮液，超声剥离 2h，4000r/min 离心 15min，取上层清液，得到棕黄色氧化石墨烯溶液（GO），保存于冰箱中备用。

（2）二氧化钛/还原氧化石墨烯复合光催化剂的制备：以商品二氧化钛和自制的氧化石墨烯溶液为原料，在无水乙醇和水的环境下，采用水热法制备二氧化钛/还原氧化石墨烯（RGO）复合光催化剂，该类复合光催化剂被命名为 TiO_2-RGO。本实验制备 RGO 质量占比为 3%的复合材料，具体制备过程：准确移取 3.00mL 氧化石墨烯溶液（水和无水乙醇的体积比为2∶1），然后加入27.00mL 水和无水乙醇的混合溶剂（$V_{水}$∶$V_{无水乙醇}$＝2∶1），超声 1h，在剧烈搅拌下，加入 0.2g 商品二氧化钛，超声 10min，室温下搅拌 2h，再将悬浮液转移入内衬为聚四氟乙烯的高温高压反应釜中，于 120℃条件下反应 8h，自然冷却至室温，离心过滤、用水洗涤 3～5 次，50℃下真空干燥 12h，制得黑色的二氧化钛/还原氧化石墨烯复合光催化剂，该复合催化剂被命名为 P25-3RGO。

2. 分析方法的建立

（1）双酚 A 溶液的配制。准确称取一定量的双酚 A 溶于适量的甲醇中，加水稀释配成 100mg/L 的溶液，使甲醇的含量为 0.1%（体积分数），然后用蒸馏水稀释至所需浓度。

（2）双酚 A 标准曲线的绘制。配制浓度为 0.10mg/L、0.30mg/L、0.50mg/L、1.0mg/L、2.0mg/L、3.0mg/L、5.0mg/L 和 10.0mg/L 的双酚 A 溶液，高效液相色谱仪测定其吸收峰面积，绘制双酚 A 浓度与吸收峰面积的函数曲线。双酚 A 浓度的测定采用高效液相色谱法，其检测条件为：色谱柱为 Symmetry C_{18} 柱（5μm，4.6mm×250mm），流动相为水/乙腈＝35/65（体积比），流速 1.000mL/min，进样量 20μL，柱温 35℃，紫外检测波长 226nm，保留时间 4min。

3. 光催化降解实验

采用批量实验进行光催化降解实验，具体过程为：准确称取商品二氧化钛和 P25-3RGO 复合材料各 0.0050g 于 1～12 号石英试管中，用移液管移取 50.00mL 5mg/L 的双酚 A 溶液（C_0，测定峰面积，通过标准曲线获得准确浓度），加入磁力搅拌子，将石英试管放入光化学反应仪中，启动反应仪。在暗处搅拌反应 60min 进行吸附/解吸平衡实验，各取出一根试管，测定其浓度和 C_q。立即开启 20W 的紫外灯，进行光催化降解，在 20min、40min、

60min、80min 和 120min 各取出一支石英试管，用 0.45μm 的玻璃纤维滤膜过滤，然后用高效液相色谱进行定量分析，测定其浓度（C_t）。

五、数据处理

（1）绘制浓度随时间的变化曲线，吸附去除率、光催化降解去除率和总的去除率分别按式（22-1）～式（22-3）进行计算。

$$\text{吸附去除率}(\%)=\frac{C_0-C_q}{C_0}\times 100\% \tag{22-1}$$

$$\text{光催化降解去除率}(\%)=\frac{C_q-C_t}{C_q}\times 100\% \tag{22-2}$$

$$\text{总的去除率}(\%)=\frac{C_0-C_t}{C_0}\times 100\% \tag{22-3}$$

（2）为了获得商品二氧化钛和 P25-3RGO 光催化剂对双酚 A 光催化降解的速率常数，通过一级动力学模型［式（22-4）］获得降解动力学常数 κ 来评价催化活性。

$$\ln\frac{C_t}{C_q}=-\kappa t \tag{22-4}$$

六、思考题

（1）新型的有机污染物有哪几类？在水体的中浓度分布情况如何？有何危害？

（2）目前污染物的去除方法有哪些？各有什么特点？

（3）常用的光催化剂有哪些？

参 考 文 献

罗利军. 2015. 具有吸附/光催化协同功能的二氧化钛复合光催化剂的制备及去除双酚 A 的研究[D]. 昆明：昆明理工大学.

实验二十三　活性炭吸附法脱除烟气中的二氧化硫

排放烟气中的 SO_2 是造成空气质量恶化、酸雨日益危害严重的主要原因，因此 SO_2 是我国规定的总量控制的大气污染物之一。吸附法烟气脱硫属于干法脱硫的一种，它是利用吸附剂吸附烟气中的 SO_2，达到净化烟气的目的，并将吸附的 SO_2 变为各种产品加以利用。吸附法脱硫具有二次污染少且吸附剂能反复利用、工艺过程简单的优点。近年来，以活性（焦）炭、煤制脱硫剂、活性炭纤维、沸石、氧化铝等为脱硫剂的烟气脱硫研究较多。

一、实验目的

（1）了解利用吸附法净化烟气中 SO_2 的原理。

（2）掌握 SO_2 测定的基本原理和方法。

二、实验原理

活性炭表面的某些含氧官能团是吸附及氧化 SO_2 的活性中心，其发达的表面积和丰富的孔结构有利于分子的扩散及传递。因此，活性炭对 SO_2 的吸附由物理吸附和化学吸附两类过程构成。其反应式如下：

$$SO_2(g) \longrightarrow SO_2\text{吸附态} \tag{23-1}$$

$$O_2 \longrightarrow 2O\text{吸附态} \tag{23-2}$$

$$H_2O(g) \longrightarrow H_2O\text{吸附态} \tag{23-3}$$

$$SO_2\text{吸附态} + O\text{吸附态} \longrightarrow SO_3\text{吸附态} \tag{23-4}$$

$$SO_3\text{吸附态} + H_2O\text{吸附态} \longrightarrow H_2SO_4\text{吸附态} \tag{23-5}$$

$$H_2SO_4\text{吸附态} + nH_2O\text{吸附态} \longrightarrow H_2SO_4 \cdot nH_2O\text{吸附态} \tag{23-6}$$

其中式（23-1）～式（23-3）为物理吸附过程，式（23-4）～式（23-6）为化学吸附过程。总反应式可表示为

$$SO_2 + H_2O + \frac{1}{2}O_2 \longrightarrow H_2SO_4 \tag{23-7}$$

SO_2 浓度监测仪的原理示意图如图 23-1 所示。SO_2 分子吸收紫外光并在一定波长下变成激发态，然后在另一个不同的波长下衰减到低能级并释放出紫外光。首先烟气通过烟气防水舱被吸入 SO_2 浓度监测仪，然后烟气通过压力传感器再流经毛细管和流量传感器。接着，烟气流入荧光室，在荧光室里紫外光激活 SO_2 分子。透光镜将不断跳动的紫外光集合在荧光室里的一组镜子上，这一组镜子由 4 个能够有选择性反射一定波长的光的镜子组成。一定波长是指能激活 SO_2 分子的光的波长。

激发态的 SO_2 分子衰减到低能级时释放的紫外光与 SO_2 的浓度成正比。而装置中的带通过滤器只允许激发态的 SO_2 分子发出的光通过光电倍增管。光电倍增管用于检测衰减的 SO_2 分子发出的紫外光。光电检测器位于荧光室的后部，用于持续检测不断变化的紫外光源，烟气通过泵流入并通过监测仪的排放防水舱排出。SO_2 浓度示数可通过前面的显示屏读出。

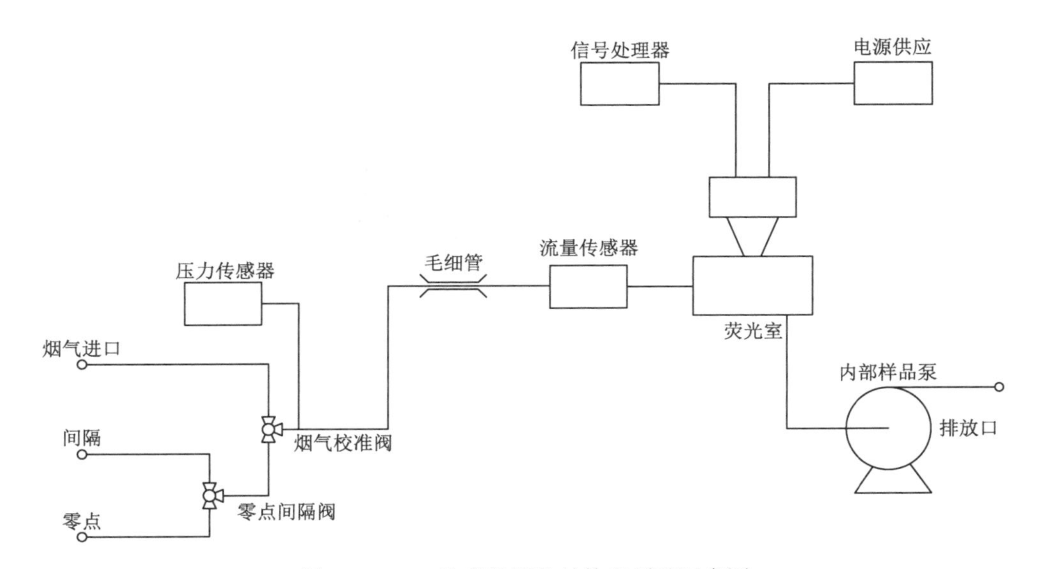

图 23-1　SO_2 浓度监测仪结构和原理示意图

三、仪器与试剂

1. 仪器

空气泵；活性炭套管填料管；SO_2 浓度监测仪；转子流量计；恒温器；N_2 和 SO_2 混合钢瓶；缓冲瓶；水蒸气发生器；烧杯；电炉。

2. 试剂

（1）活性炭（椰壳活性炭，过 200 目筛）。
（2）N_2（纯度≥99.999%）。
（3）SO_2 气体。

四、实验步骤

1. 实验工艺流程

动态固定床吸附装置如图 23-2 所示，可用于各种动态吸附实验。用 SO_2、N_2、空气和水蒸气模拟烟气。通过连接管将 SO_2 引入钢瓶中，然后充入高压 N_2 至瓶内压力为 10MPa。

配好的气体静置 2～3 天后使用。用电炉加热烧杯中的水达到沸腾，再将烧杯放入沸水中进行水浴恒温加热。进入床层的水蒸气流量的改变通过向烧瓶中通入不同流量的空气来实现。通过不同量程的流量计分别调节进入缓冲瓶的空气量、夹带水蒸气的空气量和钢瓶内混合气体的流量，同时通过监测 SO_2 监测仪读数来调节缓冲瓶内的模拟烟气的浓度，待浓度达到实验要求且稳定后开始实验。活性炭床层的温度通过超级恒温器向活性炭外层套管通入恒温水来保持恒定。床层的温度以套管出水口温度计读数计。

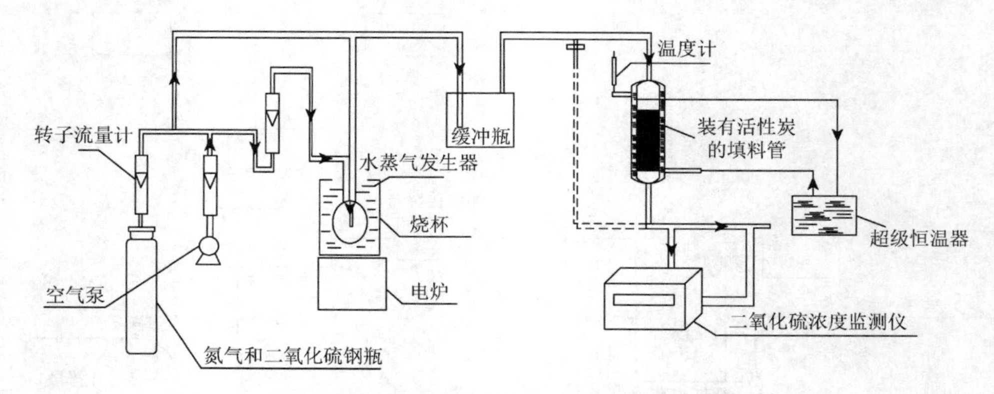

图 23-2 动态固定床吸附装置图

2. 仪器操作步骤

（1）配气。用 SO_2、N_2、空气和水蒸气模拟烟气。通过连接管将 SO_2 引入钢瓶中，然后充入高压 N_2 至瓶内压力为 10MPa。配好的气体静置 2～3 天后使用。

（2）系统检漏。实验前先向钢瓶内充入 0.8MPa 的空气，然后打开钢瓶的阀门，通气一定时间后，用肥皂液涂在各连接口处，无气泡产生时说明管路不漏气。每次实验应保证系统不漏气。

（3）调整模拟烟气进口浓度。在钢瓶中配好烟气并稳定后待用。实验时先将钢瓶阀门打开，调整钢瓶流量、空气流量和湿空气流量，使烟气进口与 SO_2 浓度监测仪相连，使进口浓度维持在实验所需的数值并保持稳定。

（4）读数。进口烟气浓度稳定后，使 SO_2 浓度监测仪与烟气出口相连，使仪器读数恢复到空气值，然后开始进行吸附实验。将烟气通过装有活性炭的填料管，同时将吸附后的烟气出口与 SO_2 浓度监测仪相连，每隔 10min 记录读数。

（5）停止实验。待监测仪读数达到穿透点时停止实验。本实验研究中所定义的穿透点为当 SO_2 出口浓度达国家规定的排放标准时的数值，即在 20℃时为 $960mg/m^3$。

五、数据处理

（1）SO_2 转化率按式（23-8）计算。

$$SO_2\text{转化率}(\%) = \frac{C_{SO_2\text{入口}} - C_{SO_2\text{出口}}}{C_{SO_2\text{入口}}} \times 100\% \tag{23-8}$$

（2）SO_2吸附量按式（23-9）和式（23-10）计算。

$$q=\frac{FC_0t_q}{W} \tag{23-9}$$

$$t_q=\int_0^{\infty}\left(1-\frac{C_A}{C_0}\right)dt \tag{23-10}$$

式中，q为吸附量，mmol/g；F为气体流量，mL/min；C_0为气体进口浓度，%；W为吸附剂质量，g；t_q为吸附时间，min；C_A为气体出口浓度，%。

（3）实验数据记录表如表23-1所示。

表23-1　实验数据记录表

测定次数	SO_2入口浓度/(mg/m^3)	SO_2出口浓度/(mg/m^3)	转化率/%	吸附量/(mmol/g)
1				
2				
3				
4				
5				

六、注意事项

（1）SO_2在阳光照射下会分解，导致检测结果出现偏离，故采样时应尽量避开阳光照射的地方，如果无法避开，应做好避光措施。条件许可时应优先选择具有恒温功能的采样仪器，并控制温度在23～29℃。

（2）采样时，需要时刻留意采样仪器的流量，避免流量出现波动，流量突然增大会导致吸收液被吸入仪器，也会使检测结果发生严重偏离。

（3）为保证检测数据的质量，除例行对仪器运行状态进行巡检外，还应按照检测技术规范要求对仪器进行校准。

七、思考题

（1）SO_2净化效率与哪些因素有关？它们之间什么关系？

（2）根据实验结果判断所测区域大气质量的优劣，是否达标（当地大气环境质量标准）？

参考文献

陈红书，朱恩赞. 2004. 吸附分离技术在大气污染防治中的应用研究[J]. 云南环境科学, 23(3): 48-50.

郝吉明，王书肖，陆永琪. 2001. 燃煤二氧化硫污染控制手册[M]. 北京：化学工业出版社.

实验二十四　土壤脲酶活性的测定

脲酶存在于大多数细菌、真菌和高等植物中，是一种酰胺酶，该酶能促进有机物质分子中肽键的水解。脲酶的作用是极为专性的，它仅能水解尿素，水解的最终产物是氨和碳酸。尿素氮肥水解与脲酶密切相关，有机肥料中也有游离脲酶存在，同时土壤脲酶活性与土壤的微生物数量、有机物质含量、全氮和速效磷含量呈正相关。人们常用土壤脲酶活性表征土壤的氮素状况，研究土壤脲酶转化尿素的作用及其调控技术，对提高尿素氮肥利用率有重要意义。测定脲酶活性的方法比较多，主要有比色法、扩散法、尿素剩余量测定法、电极法、CO_2 量度法等。本实验采用苯酚-次氯酸钠比色法测定土壤脲酶活性。该法精确性较高，重现性较好。

一、实验目的

（1）了解土壤中脲酶活性对土壤理化性质的影响。

（2）掌握分光光度法测定土壤中脲酶活性的方法。

二、实验原理

本实验采用靛酚蓝分光光度法（也称苯酚钠-次氯酸钠比色法）测定土壤脲酶活性的高低，以每百克土壤中 NH_3-N 的毫克数表示脲酶的一个活性单位。该法以尿素为基质，酶促反应产物 NH_3 在碱性基质中与苯酚及次氯酸钠作用生成蓝色的靛酚，其颜色深浅与溶液中的 NH_4^+-N 含量成正比，从而分析脲酶的活性，反应式为式（24-1）～式（24-5）。

$$H_2O + NH_2CONH_2^+(\text{尿素}) \xrightarrow{\text{脲酶}} 2NH_3\uparrow + CO_2 \quad (24\text{-}1)$$

$$NH_3 + NaClO = NH_2Cl + NaOH \quad (24\text{-}2)$$

$$NH_2Cl + C_6H_5O + 3OH^- = OC_6H_4NCl + 3H_2O \quad (24\text{-}3)$$

$$OC_6H_4NCl + C_6H_5O = OC_6H_4NC_6H_4O + HCl \quad (24\text{-}4)$$

$$OC_6H_4NC_6H_4O + HCl \rightleftharpoons OC_6H_4NC_6H_4OH^+(\text{靛酚}) + Cl^- \quad (24\text{-}5)$$

三、仪器与试剂

1. 仪器

电子分析天平（精确到十万分之一）；恒温箱；可见光分光光度计。

2. 试剂

（1）甲苯：分析纯。

（2）硫酸铵：分析纯。

（3）氮标准溶液：精确称取 0.4717g 硫酸铵溶于水并稀释至 1000mL，得到 1mL 含有 0.1mg 氮的标准溶液。绘制标准曲线时，再将此溶液稀释 10 倍备用。

（4）10%尿素溶液：称取 10g 尿素，用水溶至 100mL。

（5）pH 为 6.7 的柠檬酸盐缓冲液：184g 柠檬酸和 147.5g 氢氧化钾分别溶于适量蒸馏水。将两溶液合并，用 1mol/L 氢氧化钠溶液将 pH 调节至 6.7，用水稀释、定容至 1000mL。

（6）苯酚钠溶液（1.35mol/L）：62.5g 苯酚溶于少量乙醇，加 2mL 甲醇和 18.5mL 丙酮，用乙醇稀释至 100mL（A 溶液），存于冰箱中；27g 氢氧化钠溶于 100mL 水（B 溶液）。将 A、B 溶液保存在冰箱中。使用前分别取 A 溶液、B 溶液各 20mL，混合后，用蒸馏水稀释至 100mL。

（7）次氯酸钠溶液：用水稀释试剂，至活性氯的浓度为 0.9%，溶液稳定。

四、实验步骤

1. 标准曲线绘制

准确称取 0.4714g 硫酸铵，用蒸馏水溶至 1000mL，氮的浓度为 0.1mg/mL，分别移取稀释 10 倍的氮标准溶液 1.00mL、3.00mL、5.00mL、7.00mL、9.00mL、11.00mL、13.00mL 于 50mL 容量瓶中，加蒸馏水 20mL，再加 4mL 苯酚钠溶液和 3mL 次氯酸钠溶液，摇匀。显色 20min，加水稀释、定容到 50mL。1h 内在分光光度计上于波长 578nm 进行比色，以标准溶液浓度为横坐标，吸光度为纵坐标，绘制标准曲线。

2. 样品脲酶活性的测定

称取 10g（精确到 0.1mg）过 1mm 筛的风干土样（2 份平行样品），置于 100mL 容量瓶中，加 2mL 甲苯（以全部湿润土样为准），室温下放置 15min。加 10mL10%尿素溶液和 20mL 柠檬酸盐缓冲液，混合均匀，置于 38℃恒温箱中恒温 3h 后，用 38℃蒸馏水稀释、定容（甲苯浮于刻度以上），充分混合过滤。移取滤液 1.00mL 于 50mL 容量瓶中，加蒸馏水 10mL，然后加入苯酚钠溶液 4mL，再立即加入次氯酸钠溶液 3mL，摇匀，放置 20min 后，加水稀释、定容至刻线。1h 内在分光光度计上于波长 578mn 处测定吸光度。同时做无土对照实验和无基质对照实验。

五、数据处理

脲酶活性按式（24-6）计算：

$$M=(X-X_2-X_3)\times100\times10 \tag{24-6}$$

式中，M 为土壤脲酶活性值；X 为样品实验的吸光度在标准曲线上对应的 NH_3-N 的毫克数；X_2 为无土对照实验的吸光度在标准曲线上对应的 NH_3-N 的毫克数；X_3 为无基质对照实验的吸光度在标准曲线上对应的 NH_3-N 的毫克数；100 为样品溶液体积与测定样品体积之比；10 为酶活性单位的土质量与样品土质量之比。

六、注意事项

（1）每个样品都应该做一个无基质对照，以等体积的蒸馏水代替基质。

（2）整个实验设置一个无土对照（不加土样），其他操作与样品实验相同，以检验试剂纯度和基质自身分解情况。

（3）如果样品吸光度超过标准曲线的最大值，则应增加分取倍数或减少培养的土样。

七、思考题

（1）土壤中脲酶的活性与土壤的理化性质有何联系？

（2）靛酚蓝分光光度法测定土壤脲酶活性与其他方法相比有哪些优缺点？

参 考 文 献

安韶山，黄懿梅，郑粉莉. 2005. 黄土丘陵区草地土壤脲酶活性特征及其与土壤性质的关系[J]. 草地学报, 13(3): 233-237.
贺仲兵，杨仁斌，邱建霞，等. 2005. 溴硝醇对土壤脲酶和过氧化氢酶活性的影响[J]. 环境科学导刊, 24(4): 25-27.
廖俊健，钱永盛，黄焯轩，等. 2015. 茶叶对土壤脲酶的抑制作用[J]. 南方农业学报, 46(12): 2117-2122.
闫春妮，黄娟，李稹，等. 2017. 湿地植物根系及其分泌物对土壤脲酶、硝化-反硝化的影响[J]. 生态环境学报, 26(2): 303-308.
杨春璐，孙铁珩，和文祥. 2006. 农药对土壤脲酶活性的影响[J]. 应用生态学报, 17(7): 1354-1356.

实验二十五　沉积物中可转化态氮形态分析

氮是植物生长的必需元素，也是造成水体富营养化的重要元素之一。在水环境中，沉积物是氮的重要汇和源，对氮的生物地球化学循环具有重要作用。氮在沉积物中以不同的物理化学形式结合，呈现出不同的地球化学特征，在循环中所起的作用也不同。研究沉积物中氮的形态与含量，可以更好地掌握土壤中氮的分布和迁移转化情况，也是准确理解生态系统中氮生物地球化学循环及其环境效应的必要前提。

沉积物中氮的形态有多种分类方式，但最主要的是按照化学相态进行分类，分为无机态氮和有机态氮两大类。无机态氮主要包括氨氮、亚硝酸盐氮、硝酸盐氮和固定态铵，前三者又称为可交换性氮，固定态铵又称为非可交换性氮。无机态氮主要存于矿物晶格中，是水生生态系统中氮的主要储存库。有机态氮主要包括氨基酸态氮、己糖胺态氮和不可水解形式的氮。无机态氮和有机态氮的主要转化方式如图 25-1 所示。

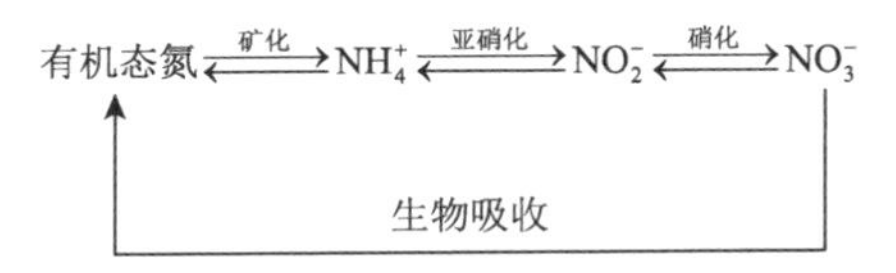

图 25-1　无机态氮和有机态氮的主要转化方式

一、实验目的

（1）了解可转化态氮形态分析的意义。

（2）掌握分级连续浸取分离沉积物中可转化态氮的方法。

二、实验原理

根据各种形态氮在不同浸提液中的溶解度，采用分级连续浸取法提取沉积物中氮的离子交换态氮（IEF-N）、弱酸可浸取态氮（WAEF-N）、强碱可浸取态氮（SAEF-F）和强氧化剂可浸取态氮（SOEF-N），而强氧化剂可浸取态氮的含量即为可转化态氮中有机氮含量，其余三种氮含量即为无机氮含量。总氮与可转化态氮含量的差值即为非可转化态氮的含量。四种形态氮含量分别以氨氮、有机态氮、硝酸盐氮和亚硝酸盐氮含量的总和计算，而氨氮、硝酸盐氮和亚硝酸盐氮分别按照标准《水质　氨氮的测定　纳氏试剂分光光度法》（HJ 535—2009）、《水质　硝酸盐氮的测定　紫外分光光度法（试行）》（HJ/T 346—2007）和《水质　亚硝酸盐氮的测定　分光光度法》（GB 7493—1987）进行测量。

三、仪器与试剂

1. 仪器

GPS 定位仪；柱状物采样器；紫外-可见分光光度计；离心机；恒温振荡器；压力蒸汽灭菌锅；电子天平；恒温振荡器；电热板。

2. 试剂

（1）1mol/L KCl 溶液。

（2）HAc-NaAc 溶液：pH = 5，按照 HAc 和 NaAc 物质的量比为 0.56∶1 配制。

（3）0.1mol/L NaOH 溶液。

（4）碱性过硫酸钾溶液：称取 20.0g $K_2S_2O_8$ 溶于 600mL 水中，可置于 50℃水浴中加热至全部溶解；另取 9.6g NaOH 溶于 300mL 水中，冷却至室温；混合两种溶液，并稀释至 1000mL，存放在聚乙烯瓶中。

（5）30%的过氧化氢（H_2O_2）。

四、实验步骤

1. 样品的采集与处理

根据流域水系分布情况，采用 GPS 定位仪设置采样点，利用柱状物采样器采集各采样点沉积物样品，选取表层 0～10cm 样品，置于封口袋中带回实验室，采集的样品在自然情况下风干，研磨过 80 目筛后装入样品袋，置于干燥器中备用。

2. 不同形态氮浸提方法

（1）离子交换态氮：准确称取沉积物样品 1g（精确至 0.1mg）置于 100mL 离心管中，加入 40mL1mol/L KCl 溶液，25℃振荡 2h，3000r/min 离心 5min，分别取上层清液测定 NH_4^+-N、NO_3^--N 和 NO_2^--N 的含量，同时做空白对照实验。将剩余的上清液倾去，再加 10mL 去离子水洗涤 1 次，3000r/min 离心 5min，烘干得残渣Ⅰ，置于干燥器中备用。

（2）弱酸可浸取态氮：在残渣Ⅰ中加入 40mL HAc-NaAc 溶液（pH = 5），25℃下振荡 6h，3000r/min 离心 5min，再取上层清液测定 NH_4^+-N、NO_3^--N 和 NO_2^--N 的含量，同时做空白对照实验。将剩余的上清液倾去，在残渣中加 10mL 去离子水洗涤 1 次，3000r/min 离心 5min，烘干得残渣Ⅱ，置于干燥器中备用。

（3）强碱可浸取态氮：在残渣Ⅱ中加入 40mL 0.1mol/L NaOH 溶液，室温下振荡 17h 后，3000r/min 离心 5min，取上层清液测定 NH_4^+-N、NO_3^--N 和 NO_2^--N 的含量。若样品的浸出液呈现黄褐色，需进行消解处理［取浸出液 2.00mL，加入 5mL H_2O_2（30%），然后在电热板上加热煮沸至近干，冷却后用蒸馏水定容至 50mL］，同时做空白对照实验。将剩余的上清液倾去，再加 10mL 去离子水洗涤 1 次，3000r/min 离心 5min 烘干得残渣Ⅲ，置于干燥器中备用。

（4）强氧化剂可浸取态氮：在残渣Ⅲ中加入 40mL 碱性过硫酸钾溶液，25℃下振荡 3h，放入高压灭菌锅内氧化消解1h，3000r/min离心5min取上层清液测定NH_4^+-N、NO_3^--N和NO_2^--N的含量。

五、数据处理

（1）标准曲线线性方程及相关系数记录于表25-1。

表25-1　标准曲线线性方程及相关系数

项目	回归方程	相关系数 R
氨氮标准曲线		
硝酸盐氮标准曲线		
亚硝酸盐氮标准曲线		

（2）可转化态氮含量记录于表25-2。

表25-2　三种存在形式可转化态氮含量　（单位：μg/g）

项目	a IEF-N	b WAEF-N	c SAEF-N	d SOEF-N	e NH_4^+-N
① NH_4^+-N					
② NO_3^--N					
③ NO_2^--N					
总量（①+②+③）					
可转化无机态氮（a+b+c+d）					
可转化有机态氮（e）					

六、注意事项

（1）底泥样品应该现采现测，以免受到微生物转化的影响。

（2）底泥样品应该按照四分法进行样品缩分。

七、思考题

（1）水中氮的来源有哪些?

（2）讨论分析不同水体沉积物氮形态分布规律及影响因素。

参考文献

刘波，周锋，王国祥，等. 2011. 沉积物氮形态与测定方法研究进展[J]. 生态学报，31(22): 6947-6958.

刘丹，罕丽华，谭伟，等. 2014. 云南红壤氮素形态分布研究[J]. 云南民族大学学报(自然科学版)，23(2): 94-98.

马红波，宋金明，吕晓霞，等. 2003. 渤海沉积物中氮的形态分析及其在循环中的作用[J]. 地球化学，32(1): 48-53.

钟立香，王书航，姜霞，等. 2009. 连续分级提取法研究春季巢湖沉积物中不同结合态氮的赋存特征[J]. 农业环境科学学报，28(10): 2132-2137.

实验二十六　湖泊沉积物中磷形态分析

随着流域工业、农业的迅速发展及城市化进程的加快，湖泊中氮磷等营养元素日益增加，水质恶化，蓝藻频发，严重影响社会经济的可持续发展。磷是造成湖泊富营养化的关键元素之一，而湖泊沉积物是湖泊营养物质的重要蓄积库，是湖泊流域磷循环的重要归属，也是湖泊内源性磷的主要来源。

沉积物中磷的形态分为无机态和有机态两大类。无机态磷可进一步细分为可交换态磷或弱吸附态磷、铝结合态磷、铁结合态磷、闭蓄态磷、钙结合态磷、原生碎屑磷。有机态磷分为糖类磷酸盐、核苷酸、腐殖酸部分、磷酸酯、磷酸盐，由于有机态磷分离和鉴定较为困难，常将有机态磷当作一个形态。水体沉积物中磷的形态分析有助于认识沉积物-水界面磷的交换机理、沉积物内源磷负荷机理、沉积物中磷的吸附-解吸、对水体富营养化的贡献，对认识水体磷的沉积机理及沉积后磷的地球化学行为也有很大帮助。

一、实验目的

（1）掌握湖泊沉积物中不同形态磷的化学连续浸提方法。

（2）掌握钼-锑-抗分光光度法测定磷的方法。

（3）了解沉积物中磷形态分析的现实意义。

二、实验原理

采用不同类型的选择性化学浸提剂连续对沉积物样品进行提取，根据各提取剂提取的磷的特性，将沉积物中各种形态的磷加以逐级浸提，浸提液离心分离后，上层清液用钼-锑-抗分光光度法测定无机磷含量。在 550℃高温灼烧浸提无机磷后的残渣，使有机态磷转化为无机态磷，经盐酸溶液浸提，提取液离心分离后用钼-锑-抗分光光度法测定有机态磷。

钼-锑-抗分光光度法利用正磷酸盐在酸性条件下与钼酸铵、酒石酸锑钾反应，生成三元杂多酸，被还原剂抗坏血酸还原为蓝色的配合物（钼蓝）。

三、仪器与试剂

1. 仪器

恒温振荡器；离心机；紫外分光光度计；烘箱；马弗炉；GPS 定位仪；柱状物采样器；高压蒸汽消毒器；0.45μm 滤膜。

2. 试剂

（1）1mol/L $MgCl_2$ 溶液。
（2）0.5mol/L NH_4F 溶液。
（3）0.1mol/L NaOH-0.5mol/L Na_2CO_3 混合溶液。
（4）0.3mol/L 柠檬酸钠-0.1mol/L $NaHCO_3$ 混合溶液。
（5）硫代硫酸钠（分析纯）。
（6）NaAc-HAc 缓冲溶液。
（7）1mol/L HCl 溶液。
（8）1＋1 硫酸。
（9）10%抗坏血酸溶液。
（10）去离子水。
（11）50g/L 过硫酸钾溶液。
（12）2mg/L 磷酸盐标准溶液。
（13）钼酸盐溶液：溶解 13g 钼酸铵于 100mL 水中。溶解 0.35g 酒石酸锑钾于 100mL 水中。在不断搅拌下把钼酸铵溶液缓缓加入 300mL 硫酸（1＋1）中，加酒石酸锑钾溶液并混合均匀。

四、实验步骤

1. 样品采集及前处理

根据流域水系分布情况，采用 GPS 定位仪设置采样点，利用柱状物采样器采集各采样点沉积物样品，选取表层 0～10cm 样品，置于封口袋中，带回实验室自然风干，用玛瑙研钵研磨过 100 目筛，装入封口袋中密封备用。

2. 不同形态磷浸提方法

将采集的沉积物样品按照表 26-1 所示的方法进行连续浸提，每个样品同时做 2 个平行样。

表 26-1　沉积物中不同形态磷的化学浸提方法

形态	代码	提取方法
可交换态磷	Ex-P	在 1.0g 沉积物中加入 30mL1mol/L $MgCl_2$ 溶液（pH＝8）振荡提取 2h，5000r/min 离心 20min 获取提取液（下同），重复提取一次，用 30mL 去离子水洗涤两次，合并提取液，提取液用 0.45μm 滤膜过滤
铝结合态磷	Al-P	Ex-P 提取后残渣加入 30mL 0.5mol/L NH_4F 溶液（pH＝8.2）振荡提取 1h，离心获取提取液，再加 30mL 去离子水洗涤一次，合并提取液，用 0.45μm 滤膜过滤
铁结合态磷	Fe-P	Al-P 提取后残渣加入 30mL 0.1mol/L NaOH-0.5mol/L Na_2CO_3 混合提取液振荡提取 4h，离心提取液，再用 30mL 去离子水洗涤一次，合并提取液，提取液用 0.45μm 滤膜过滤

续表

形态	代码	提取方法
闭蓄态磷	Oc-P	Fe-P 提取后残渣加入 24mL 0.3mol/L 柠檬酸钠-0.1mol/L $NaHCO_3$ 混合溶液及 0.675g 硫代硫酸钠配成的混合提取剂（pH = 7.6），振荡 15min 后再加入 6mL 0.5mol/L NaOH 溶液，振荡提取 8h，离心获取提取液，用 30mL 去离子水洗涤一次，合并提取液，提取液用 0.45μm 滤膜过滤
钙结合态磷	De-P	Oc-P 提取后残渣加入 30mL 1mol/L NaAc-HAc 缓冲溶液（pH = 4）振荡提取 6h，离心获取提取液，再加入 30mL 1mol/L $MgCl_2$ 提取一次，然后用 30mL 去离子水洗涤一次，合并提取液，提取液用 0.45μm 滤膜过滤
原生碎屑磷	Ca-P	De-P 提取后残渣加入 30mL 1mol/L HCl 溶液振荡提取 16h，离心分离，再用去离子水洗涤一次，合并提取液，提取液用 0.45μm 滤膜过滤
有机态磷	Or-P	Ca-P 提取后残渣转移到瓷坩埚中，烘干后置于马弗炉中 550℃灼烧 2h，冷却后以 30mL 1mol/L HCl 振荡提取 16h，提取液用 0.45μm 滤膜过滤

3. 分析方法

水样消解：取 25mL 提取液于 50mL 具塞刻度管中，加入 4mL 50g/L 过硫酸钾溶液，用纱布封口后置于高压蒸汽消毒器中（温度为 120℃，压力为 1.1kg/cm^2）加热消解 30min 后自然冷却，然后用水稀释至标线。

水样测定：分别向消解水样中加入 1mL 10%抗坏血酸溶液混匀，30s 后加入 2mL 钼酸盐溶液充分混匀。室温下放置 15min 后，使用光程为 30mm 比色皿，在 700nm 波长下，以水为参比，测定吸光度。扣除空白试验的吸光度后，从工作曲线上查得磷的含量。

工作曲线的绘制：取 7 支 50mL 具塞刻度管，分别加入 0.00mL、0.50mL、1.00mL、3.00mL、5.00mL、10.0mL、15.0mL 磷酸盐标准溶液，加水至 25mL。然后按照水样测定步骤进行处理。以水为参比，测定吸光度。扣除空白实验的吸光度后，和对应的磷的含量绘制工作曲线。

五、数据处理

1. 各种形态磷含量（表 26-2）

表 26-2　沉积物中各种形态磷连续浸提结果

样品编号	含量/(mg/kg)							
	Ex-P	Al-P	Fe-P	Oc-P	De-P	Ca-P	Or-P	总磷
1								
2								
3								
4								
平均值/(mg/kg)								
标准偏差/(mg/kg)								
变异系数/%								

2. 形态分析

根据各采样点磷形态的分析结果，比较湖泊中磷含量的分布特征。

六、注意事项

（1）沉积物采集过程中应优先考虑样品的代表性而进行布点采样。
（2）样品应该现采现测，避免微生物对各种形态磷含量的影响。
（3）熟练操作钼-锑-抗分光光度法。

七、思考题

（1）分析实验存在的潜在影响因素及克服办法。
（2）分析沉积物中各种形态磷的环境化学意义。
（3）请查阅相关资料，试列举磷形态分析的其他方法，并分析各方法的优缺点。

参考文献

许春雪，袁建，王亚平，等. 2011. 沉积物中磷的赋存形态及磷形态顺序提取分析方法[J]. 岩矿测试, 30(6): 785-794.
余源盛. 1988. 滇池沉积物中磷的分布和迁移特征[J]. 海洋与湖沼, 19(2): 149-156.
朱广伟，秦伯强. 2003. 沉积物中磷形态的化学连续提取法应用研究[J]. 农业环境科学学报, 2(3): 349-352.
朱元荣，张润宇，吴丰昌. 2010. 滇池沉积物生物有效性氮和磷的分布及相互关系[J]. 环境科学研究, 23(8): 993-998.

实验二十七　有机酸淋洗修复重金属污染土壤

土壤重金属污染已成为影响中国农业可持续发展的重要问题之一。重金属废水排放和化肥农药的大量使用已成为土壤重金属污染的主要来源。重金属进入土壤后无法被微生物降解，不但会影响土壤的理化性质，而且会对土壤中微生物的群落结构产生影响。当重金属发生迁移和转化时，则容易进入地下水或食物链，对人类的健康产生不利影响。土壤重金属的修复主要有两种策略，一是从土壤中将重金属直接去除，二是将重金属通过形态转变固定在土壤中使其无法发生迁移。淋洗修复技术可将重金属从土壤中彻底去除，且适于高浓度污染土壤的修复，修复效果稳定，在重金属污染土壤修复中具有广阔的应用前景。

一、实验目的

（1）掌握有机酸对土壤重金属淋洗的规律。

（2）掌握有机酸淋洗去除土壤中重金属的作用机理。

二、实验原理

目前，常用的土壤淋洗剂主要分为四种类型：无机淋洗剂、有机酸、表面活性剂和人工螯合剂等。其中，有机酸具有毒性小或无毒、容易降解、环境友好、对重金属的去除效果好等特点。草酸、乳酸、酒石酸、柠檬酸等多元有机酸是较为常见的淋洗剂。有机酸淋洗的原理是其与重金属形成稳定的络合物，溶解出难溶性重金属物质，使重金属从土壤中迁移、提取出来，达到分离土壤中的污染物和清洗土壤的目的。淋洗剂是否能够有效地淋洗掉重金属、是否淋洗时对环境有害、是否具有经济实用价值都是选择淋洗剂的重要标准。

三、仪器与试剂

1. 仪器

分析天平（精确到0.001g）；恒温摇床；电热板（最高温可达250℃）；原子吸收分光光度计；大容量高速离心机 0.45μm 玻璃纤维滤膜。

2. 试剂

柠檬酸（分析纯）；乙酸（分析纯）；酒石酸（分析纯）。

四、实验步骤

1. 不同有机酸的淋洗筛选

称取 0.500g 供试土样（Pb：100mg/kg，Cd：5mg/kg）于 50mL 离心管中，分别加入 10mL 三种浓度分别为 5mmol/L、10mmol/L、20mmol/L、50mmol/L 和 100mmol/L 的有机酸溶液（柠檬酸、乙酸和酒石酸），置于 220r/min 的恒温摇床中进行 4h 振荡淋洗。振荡结束后对混合体系进行离心，转速为 4000r/min，时长为 15min，离心结束后用 0.45μm 的滤膜对上清液进行过滤，再定容稀释作为待测液。每组做 3 个平行实验。

2. 不同有机酸浓度的淋洗实验

称取 0.500g 供试土样于一系列 15mL 离心管内，分别加入浓度为 0.01mol/L、0.03mol/L、0.05mol/L、0.10mol/L、0.15mol/L、0.20mol/L、0.40mol/L 的柠檬酸 10mL，置于 220r/min 的恒温摇床中进行 4h 振荡淋洗。淋洗结束后按照上述 1. 操作步骤依次进行离心、过滤、定容。

3. 不同液固比实验

依次称取 0.500g 供试土样于一系列 15mL 离心管内，分别加入浓度为 10%的柠檬酸，固定液固比为 5∶1、10∶1、15∶1、20∶1、30∶1，置于 220r/min 的恒温摇床中进行 4h 振荡淋洗。淋洗结束后按照上述 1. 操作步骤依次进行离心、过滤、定容。

4. 不同淋洗时间实验

依次称取 0.500g 供试土样于一系列 15mL 离心管内，分别加入占溶液总体积 10%的柠檬酸溶液，置于 220r/min 的恒温摇床中分别进行 1h、2h、4h、6h、8h、10h、12h、14h、16h 振荡淋洗。淋洗结束后按照上述 1. 操作步骤依次进行离心、过滤、定容。

5. 形态分析

对有机酸淋洗前后的土壤进行重金属赋存形态（酸可提取态、可还原态、可氧化态和残渣态）分析，具体操作按照实验十九所述的汞形态分析法进行。重金属离子含量采用原子吸收分光光度计测定。

五、数据处理

（1）建立有机酸淋洗土壤重金属的最优体系。

（2）计算有机酸对土壤中不同形态重金属的淋洗去除率。

六、注意事项

（1）离心时必须先在天平上进行配平，然后将离心管对称放入离心机。

（2）水样和土样消解时应预防高温、高压可能产生的安全隐患。

七、思考题

（1）影响有机酸去除土壤中重金属的主要因素有哪些？
（2）有机酸主要去除的是土壤中哪类形态的重金属？
（3）有机酸作为重金属淋洗剂具有哪些优势和不足？

参考文献

冯静. 2015. 铅锌厂周边农田重金属污染土壤的化学淋洗修复及其应用潜力初探[D]. 杨凌：西北农林科技大学.
李玉双，胡晓钧，孙铁珩，等. 2011. 污染土壤淋洗修复技术研究进展[J]. 生态学杂志，30(3): 596-602.
梁金利，蔡焕兴，段雪梅，等. 2012. 有机酸土柱淋洗法修复重金属污染土壤[J]. 环境工程学报，6(9): 3339-3343.

第三部分　附　　录

附录一　地表水环境质量标准（GB 3838—2002）

表1　地表水环境质量标准基本项目标准限值

序号	项目		Ⅰ类	Ⅱ类	Ⅲ类	Ⅳ类	Ⅴ类
1	水温		人为造成的环境水温变化应限制在：周平均最大温升≤1℃，周平均最大温降≤2℃				
2	pH				6～9		
3	溶解氧/(mg/L)	≥	7.5（或饱和率90%）	6	5	3	2
4	高锰酸盐指数/(mg/L)	≤	2	4	6	10	15
5	化学需氧量（COD）/(mg/L)	≤	15	15	20	30	40
6	五日生化需氧量（BOD_5）/(mg/L)	≤	3	3	4	6	10
7	氨氮（NH_3-N）/(mg/L)	≤	0.15	0.5	1.0	1.5	2.0
8	总磷（以P计）/(mg/L)	≤	0.02（湖、库0.01）	0.1（湖、库0.025）	0.2（湖、库0.05）	0.3（湖、库0.1）	0.4（湖、库0.2）
9	总氮（湖、库，以N计）/(mg/L)	≤	0.2	0.5	1.0	1.5	2.0
10	铜/(mg/L)	≤	0.01	1.0	1.0	1.0	1.0
11	锌/(mg/L)	≤	0.05	1.0	1.0	2.0	2.0
12	氟化物（以F^-计）/(mg/L)	≤	1.0	1.0	1.0	1.5	1.5
13	硒/(mg/L)	≤	0.01	0.01	0.01	0.02	0.02
14	砷/(mg/L)	≤	0.05	0.05	0.05	0.1	0.1
15	汞/(mg/L)	≤	0.00005	0.00005	0.0001	0.001	0.001
16	镉/(mg/L)	≤	0.001	0.005	0.005	0.005	0.01
17	铬（六价）/(mg/L)	≤	0.01	0.05	0.05	0.05	0.1
18	铅/(mg/L)	≤	0.01	0.01	0.05	0.05	0.1
19	氰化物/(mg/L)	≤	0.005	0.05	0.2	0.2	0.2
20	挥发酚/(mg/L)	≤	0.002	0.002	0.005	0.01	0.1
21	石油类/(mg/L)	≤	0.05	0.05	0.05	0.5	1.0
22	阴离子表面活性剂/(mg/L)	≤	0.2	0.2	0.2	0.3	0.3
23	硫化物/(mg/L)	≤	0.05	0.1	0.2	0.5	1.0
24	粪大肠菌群/(个/L)	≤	200	2000	10000	20000	40000

表 2　集中式生活饮用水地表水源地补充项目标准限值　（单位：mg/L）

序号	项目	标准值
1	硫酸盐（以 SO_4^{2-} 计）	250
2	氯化物（以 Cl^- 计）	250
3	硝酸盐（以 N 计）	10
4	铁	0.3
5	锰	0.1

表 3　集中式生活饮用水地表水源地特定项目标准限值　（单位：mg/L）

序号	项目	标准值	序号	项目	标准值
1	三氯甲烷	0.06	29	六氯苯	0.05
2	四氯化碳	0.002	30	硝基苯	0.017
3	三溴甲烷	0.1	31	二硝基苯[④]	0.5
4	二氯甲烷	0.02	32	2, 4-二硝基甲苯	0.0003
5	1, 2-二氯乙烷	0.03	33	2, 4, 6-三硝基甲苯	0.5
6	环氧氯丙烷	0.02	34	硝基氯苯[⑤]	0.05
7	氯乙烯	0.005	35	2, 4-二硝基氯苯	0.5
8	1, 1-二氯乙烯	0.03	36	2, 4-二氯苯酚	0.093
9	1, 2-二氯乙烯	0.05	37	2, 4, 6-三氯苯酚	0.2
10	三氯乙烯	0.07	38	五氯酚	0.009
11	四氯乙烯	0.04	39	苯胺	0.1
12	氯丁二烯	0.002	40	联苯胺	0.0002
13	六氯丁二烯	0.0006	41	丙烯酰胺	0.0005
14	苯乙烯	0.02	42	丙烯腈	0.1
15	甲醛	0.9	43	邻苯二甲酸二丁酯	0.003
16	乙醛	0.05	44	邻苯二甲酸二（2-乙基已基）酯	0.008
17	丙烯醛	0.1	45	水合肼	0.01
18	三氯乙醛	0.01	46	四乙基铅	0.0001
19	苯	0.01	47	吡啶	0.2
20	甲苯	0.7	48	松节油	0.2
21	乙苯	0.3	49	苦味酸	0.5
22	二甲苯[①]	0.5	50	丁基黄原酸	0.005
23	异丙苯	0.25	51	活性氯	0.01
24	氯苯	0.3	52	滴滴涕	0.001
25	1, 2-二氯苯	1.0	53	林丹	0.002
26	1, 4-二氯苯	0.3	54	环氧七氯	0.0002
27	三氯苯[②]	0.02	55	对硫磷	0.003
28	四氯苯[③]	0.02	56	甲基对硫磷	0.002

续表

序号	项目	标准值	序号	项目	标准值
57	马拉硫磷	0.05	69	微囊藻毒素-LR	0.001
58	乐果	0.08	70	黄磷	0.003
59	敌敌畏	0.05	71	钼	0.07
60	敌百虫	0.05	72	钴	1.0
61	内吸磷	0.03	73	铍	0.002
62	百菌清	0.01	74	硼	0.5
63	甲萘威	0.05	75	锑	0.005
64	溴氰菊酯	0.02	76	镍	0.02
65	阿特拉津	0.003	77	钡	0.7
66	苯并[a]芘	2.8×10^{-6}	78	钒	0.05
67	甲基汞	1.0×10^{-6}	79	钛	0.1
68	多氯联苯⑥	2.0×10^{-6}	80	铊	0.0001

①二甲苯：指对二甲苯、间二甲苯、邻二甲苯。
②三氯苯：指 1, 2, 3-三氯苯、1, 2, 4-三氯苯、1, 3, 5-三氯苯。
③四氯苯：指 1, 2, 3, 4-四氯苯、1, 2, 3, 5-四氯苯、1, 2, 4, 5-四氯苯。
④二硝基苯：指对二硝基苯、间二硝基苯、邻二硝基苯。
⑤硝基氯苯：指对硝基氯苯、间硝基氯苯、邻硝基氯苯。
⑥多氯联苯：指 PCB-1016、PCB-1221、PCB-1232、PCB-1242、PCB-1248、PCB-1254、PCB-1260。

表 4　地表水环境质量标准基本项目分析方法

序号	项目	分析方法	最低检出限	方法来源
1	水温	温度计法		GB/T 13195—1991
2	pH	玻璃电极法		GB/T 6920—1986
3	溶解氧	碘量法	0.2mg/L	GB/T 7489—1987
		电化学探头法	0%～100%	HJ 506—2009
4	高锰酸盐指数	酸性法	0.5mg/L	GB/T 11892—1989
5	化学需氧量	重铬酸盐法	4mg/L	HJ 828—2017
6	五日生化需氧量	稀释与接种法	0.5mg/L	HJ 505—2009
7	氨氮	纳氏试剂比色法	0.025mol/L	HJ 535—2009
		水杨酸分光光度法	0.004mg/L	HJ 536—2009
		连续流动-水杨酸分光光度法	0.01mg/L	HJ 665—2013
8	总磷	钼酸铵分光光度法	0.01mg/L	GB/T 11893—1989
9	总氮	碱性过硫酸钾消解紫外分光光度法	0.05mg/L	HJ 636—2012
		流动注射-盐酸萘乙二胺分光光度法	0.03mg/L	HJ 668—2013
10	铜	2, 9-二甲基-1, 10-菲啰啉分光光度法	0.02mg/L	HJ 486—2009
		二乙基二硫代氨基甲酸钠分光光度法	0.010mg/L	HJ 485—2009
		原子吸收分光光度法（螯合萃取法）	0.001mg/L	GB/T 7475—1987
11	锌	原子吸收分光光度法	0.05mg/L	GB/T 7475—1987
12	氟化物	氟试剂分光光度法	0.02mg/L	HJ 488—2019

续表

序号	项目	分析方法	最低检出限	方法来源
		离子选择电极法	0.05mg/L	GB/T 7484—1987
		离子色谱法	0.006mg/L	HJ 84—2016
13	硒	2, 3-二氨基萘荧光法	0.00025mg/L	GB/T 11902—1989
		石墨炉原子吸收分光光度法	0.003mg/L	GB/T 15505—1995
14	砷	二乙基二硫代氨基甲酸银分光光度法	0.007mg/L	GB/T 7485—1987
15	汞	原子荧光法	0.3mg/L	HJ 694—2014
		原子荧光法	0.04mg/L	HJ 694—2014
16	镉	原子吸收分光光度法（螯合萃取法）	0.001mg/L	GB/T 7475—1987
17	铬（六价）	二苯碳酰二肼分光光度法	0.004mg/L	GB/T 7467—1987
18	铅	原子吸收分光光度法（螯合萃取法）	0.01mg/L	GB/T 7475—1987
19	氰化物	异烟酸-吡唑啉酮分光光度法	0.004mg/L	HJ 484—2009
		异烟酸-巴比妥酸分光光度法	0.001mg/L	HJ 484—2009
20	挥发酚	4-氨基安替比林分光光度法	0.0003mg/L	HJ 503—2009
21	石油类	红外分光光度法	0.01mg/L	HJ 637—2012
22	阴离子表面活性剂	亚甲蓝分光光度法	0.05mg/L	GB/T 7494—1987
23	硫化物	亚甲基蓝分光光度法	0.005mg/L	GB/T 16489—1996
		碘量法	0.04mg/L	HJ/T 60—2000
		气相分子吸收光谱法	0.005mg/L	HJ/T 200—2015
24	粪大肠菌群	多管发酵法	3MPN/L	HJ/T 347—2007
		滤膜法	2CFU/L	HJ 347.1—2018

表 5 集中式生活饮用水地表水源地补充项目分析方法

序号	项目	分析方法	最低检出限/(mg/L)	方法来源
1	硫酸盐	重量法	10	GB/T 11899—1989
		铬酸钡分光光度法	8	HJ/T 342—2007
		离子色谱法	0.09	HJ 84—2016
2	氯化物	硝酸银滴定法	10	GB/T 11896—1989
		硝酸汞滴定法	2.5	HJ/T 343—2007
		离子色谱法	0.007	HJ 84—2016
3	硝酸盐	酚二磺酸分光光度法	0.02	GB/T 7480—1987
		紫外分光光度法	0.08	HJ/T 346—2007
		离子色谱法	0.016	HJ/T 84—2001
4	铁	火焰原子吸收分光光度法	0.03	GB/T 11911—1989
		邻菲啰啉分光光度法	0.03	HJ/T 345—2007
5	锰	高碘酸钾分光光度法	0.02	GB/T 11906—1989
		火焰原子吸收分光光度法	0.01	GB/T 11911—1989
		甲醛肟光度法	0.01	HJ/T 344—2007

表6　集中式生活饮用水地表水源地特定项目分析方法

序号	项目	分析方法	最低检出限/(μg/L)	方法来源
1	三氯甲烷	顶空气相色谱法	0.02	HJ 620—2011
2	四氯化碳	顶空气相色谱法	0.03	HJ 620—2011
3	三溴甲烷	顶空气相色谱法	0.04	HJ 620—2011
4	二氯甲烷	顶空气相色谱法	6.13	HJ 620—2011
5	1,2-二氯乙烷	顶空气相色谱法	2.35	HJ 620—2011
6	环氧氯丙烷	气相色谱	20	1）
7	1,1-二氯乙烯	顶空气相色谱	2.38	HJ 620—2011
8	反式-1,2-二氯乙烯	顶空气相色谱	2.52	HJ 620—2011
9	顺式-1,2-二氯乙烯	顶空气相色谱	1.38	HJ 620—2011
10	三氯乙烯	顶空气相色谱法	0.02	HJ 620—2011
11	四氯乙烯	顶空气相色谱法	0.03	HJ 620—2011
12	氯丁二烯	顶空气相色谱法	0.36	HJ 620—2011
13	六氯丁二烯	气相色谱法	0.02	HJ 620—2011
14	苯乙烯	顶空气相色谱法	3	HJ 1067—2019
15	甲醛	乙酰丙酮分光光度法	50	HJ 601—2011
16	乙醛	气相色谱法	240	1）
17	丙烯醛	气相色谱法	3	HJ 806—2016
18	三氯乙醛	吡啶啉酮分光光度法	80	HJ/T 50—1999
19	苯	气相色谱法	5	GB/T 11890—1989
		顶空气相色谱法	2	HJ 1067—2019
20	甲苯	气相色谱法	5	GB/T 11890—1989
		顶空气相色谱法	2	HJ 1067—2019
21	乙苯	气相色谱法	5	GB/T 11890—1989
		顶空气相色谱法	2	HJ 1067—2019
22	二甲苯	气相色谱法	5	GB/T 11890—1989
		顶空气相色谱法	2	HJ 1067—2019
23	异丙苯	顶空气相色谱法	3	HJ 1067—2019
24	氯苯	气相色谱法	12	HJ 621—2011
25	1,2-二氯苯	气相色谱法	0.29	HJ 621—2011
26	1,4-二氯苯	气相色谱法	0.23	HJ 621—2011
27	1,3,5-三氯苯	气相色谱法	0.11	HJ 621—2011
28	1,2,4-三氯苯	气相色谱法	0.08	HJ 621—2011
29	1,2,3-三氯苯	气相色谱法	0.08	HJ 621—2011
30	1,2,3,5-四氯苯	气相色谱法	0.02	HJ 621—2011
31	1,2,4,5-四氯苯	气相色谱法	0.01	HJ 621—2011
32	1,2,3,4-四氯苯	气相色谱法	0.02	HJ 621—2011
33	五氯苯	气相色谱法	0.003	HJ 621—2011
34	六氯苯	气相色谱法	0.003	HJ 621—2011

续表

序号	项目	分析方法	最低检出限/(μg/L)	方法来源
35	硝基苯	气相色谱法	2	HJ 592—2010
36	2,4-二硝基甲苯	气相色谱法	2	HJ 592—2010
37	2,4,6-三硝基甲苯	气相色谱法	3	HJ 592—2010
38	对硝基氯苯	液液萃取-气相色谱法	0.019	HJ 648—2013
39	邻硝基氯苯	液液萃取-气相色谱法	0.017	HJ 648—2013
40	间硝基氯苯	液液萃取-气相色谱法	0.017	HJ 648—2013
41	2,4-二硝基氯苯	液液萃取-气相色谱法	0.022	HJ 648—2013
42	2,4-二氯苯酚	液液萃取-气相色谱法	1.1	HJ 648—2013
43	2,4,6-三氯苯酚	液液萃取-气相色谱法	1.2	HJ 648—2013
44	五氯酚	气相色谱法	0.02	HJ 591—2010
		液液萃取-气相色谱	1.1	HJ 676—2013
45	苯胺	气相色谱-质谱法	0.23	HJ 822—2017
46	联苯胺	高效液相色谱法	0.006	HJ 1017—2019
47	丙烯酰胺	吹扫捕集-气相色谱法	3	HJ 806—2016
48	丙烯腈	吹扫捕集-气相色谱法	3	HJ 806—2016
49	邻苯二甲酸二丁酯	液相色谱法	0.1	HJ/T 72—2001
50	邻苯二甲酸二辛酯	液相色谱法	0.2	HJ/T 72—2001
51	水合肼	对二甲氨基苯甲醛分光光度法	3	HJ 674—2013
52	四乙基铅	顶空气相色谱-质谱法	0.02	HJ 959—2018
53	吡啶	气相色谱法	3.1	GB/T 14672—1993
		顶空气相色谱法	30	HJ 1072—2019
54	松节油	气相色谱法	30	HJ 696—2014
		吹扫捕集气相色谱-质谱法	0.5	HJ 866—2017
55	苦味酸	气相色谱法	1	1）
56	丁基黄原酸	吹扫捕集气相色谱-质谱法	40	HJ 896—2017
		液相色谱-三重四极杆串联质谱法	0.2	HJ 1002—2018
57	游离氯和总氯	*N*, *N*-二乙基-1, 4-苯二胺分光光度法	4	HJ 586—2010
58	滴滴涕	气相色谱法	0.2	GB/T 7492—1987
59	林丹	气相色谱法	0.004	GB/T 7492—1987
60	环氧七氯	液液萃取气相色谱法	0.083	1）
61	对硫磷	气相色谱法	0.54	GB/T 13192—1991
62	甲基对硫磷	气相色谱法	0.42	GB/T 13192—1991
63	马拉硫磷	气相色谱法	0.64	GB/T 13192—1991
64	乐果	气相色谱法	0.57	GB/T 13192—1991
65	敌敌畏	气相色谱法	0.06	GB/T 13192—1991
66	敌百虫	气相色谱法	0.051	GB/T 13192—1991
67	内吸磷	气相色谱法	2.5	1）
68	百菌清	气相色谱法	0.07	HJ 698—2014

续表

序号	项目	分析方法	最低检出限/(μg/L)	方法来源
69	甲萘威	高效液相色谱法	0.012	SL 740—2016
70	溴氰菊酯	气相色谱法	0.04	HJ 698—2014
		高效液相色谱法	0.0197	SL 740—2016
71	阿特拉津	气相色谱法	0.2	HJ 754—2015
		高效液相色谱法	0.08	HJ 587—2010
72	苯并[a]芘	乙酰化滤纸层析荧光分光光度法	0.04	GB/T 11895—1989
73	甲基汞	气相色谱法	0.001	GB/T 17132—1997
74	多氯联苯	气相色谱-质谱法	0.00014-0.0022	HJ 715—2014
75	微囊藻毒素-LR	高效液相色谱法	0.0246	SL 740—2016
76	黄磷	气相色谱法	0.04	HJ 701—2014
77	钼	石墨炉原子吸收分光光度法	0.6	HJ 807—2016
78	钴	石墨炉原子吸收分光光度法	2	HJ 958—2018
79	铍	铬菁 R 分光光度法	0.2	HJ/T 58—2000
		石墨炉原子吸收分光光度	0.02	HJ/T 59—2000
80	硼	姜黄素分光光度法	20	HJ/T 49—1999
81	锑	石墨炉原子吸收分光光度法	2	HJ 1047—2019
82	镍	火焰原子吸收分光光度法	50	GB/T 11912—1989
83	钡	火焰原子吸收分光光度法	1700	HJ 603—2011
		石墨炉原子吸收分光光度法	2.5	HJ 602—2011
84	钒	钽试剂（BPHA）萃取分光光度法	18	GB/T 15503—1995
		石墨炉原子吸收分光光度法	3	HJ 673—2013
85	钛	石墨炉原子吸收分光光度法	7	HJ 807—2016
86	铊	石墨炉原子吸收分光光度法	0.83	HJ 748—2015

注：1)《生活饮用水卫生规范》，中华人民共和国卫生部，2001 年。暂采用该分析方法，待国家方法标准发布后，执行国家标准。

附录二　污水综合排放标准（GB 8978—1996）

表 1　第一类污染物最高允许排放浓度

序号	污染物	最高允许排放浓度
1	总汞/(mg/L)	0.05
2	烷基汞/(mg/L)	不得检出
3	总镉/(mg/L)	0.1
4	总铬/(mg/L)	1.5
5	六价铬/(mg/L)	0.5
6	总砷/(mg/L)	0.5
7	总铅/(mg/L)	0.5
8	总镍/(mg/L)	1.0
9	苯并[a]芘/(mg/L)	0.00003
10	总铍/(mg/L)	0.005
11	总银/(mg/L)	0.5
12	放射性 α/(Bq/L)	1
13	放射性 β/(Bq/L)	10

表 2　第二类污染物最高允许排放浓度（1997 年 12 月 31 日之前建设的单位）

<table>
<tr><th>序号</th><th>污染物</th><th>适用范围</th><th>一级标准</th><th>二级标准</th><th>三级标准</th></tr>
<tr><td>1</td><td>pH</td><td>一切排污单位</td><td>6～9</td><td>6～9</td><td>6～9</td></tr>
<tr><td rowspan="2">2</td><td rowspan="2">色度（稀释倍数）</td><td>染料工业</td><td>50</td><td>180</td><td>—</td></tr>
<tr><td>其他排污单位</td><td>50</td><td>80</td><td>—</td></tr>
<tr><td rowspan="5">3</td><td rowspan="5">悬浮物（SS）/(mg/L)</td><td>采矿、选矿、选煤工业</td><td>100</td><td>300</td><td>—</td></tr>
<tr><td>脉金选矿</td><td>100</td><td>500</td><td>—</td></tr>
<tr><td>边远地区砂金选矿</td><td>100</td><td>800</td><td>—</td></tr>
<tr><td>城镇二级污水处理厂</td><td>20</td><td>30</td><td>—</td></tr>
<tr><td>其他排污单位</td><td>70</td><td>200</td><td>400</td></tr>
<tr><td rowspan="4">4</td><td rowspan="4">五日生化需氧量（BOD_5）/(mg/L)</td><td>甘蔗制糖、苎麻脱胶、湿法纤维板工业</td><td>30</td><td>100</td><td>600</td></tr>
<tr><td>甜菜制糖、酒精、味精、皮革、化纤浆粕工业</td><td>30</td><td>150</td><td>600</td></tr>
<tr><td>城镇二级污水处理厂</td><td>20</td><td>30</td><td>—</td></tr>
<tr><td>其他排污单位</td><td>30</td><td>60</td><td>300</td></tr>
</table>

续表

序号	污染物	适用范围	一级标准	二级标准	三级标准
5	化学需氧量（COD）/(mg/L)	甜菜制糖、焦化、合成脂肪酸、湿法纤维板、染料、洗毛、有机磷农药工业	100	200	1000
		味精、酒精、医药原料药、生物制药、苎麻脱胶、皮革、化纤浆粕工业	100	300	1000
		石油化工工业（包括石油炼制）	100	150	500
		城镇二级污水处理厂	60	120	—
		其他排污单位	100	150	500
6	石油类/(mg/L)	一切排污单位	10	10	30
7	动植物油/(mg/L)	一切排污单位	20	20	100
8	挥发酚/(mg/L)	一切排污单位	0.5	0.5	2.0
9	总氰化合物/(mg/L)	电影洗片（铁氰化合物）	0.5	5.0	5.0
		其他排污单位	0.5	0.5	1.0
10	硫化物/(mg/L)	一切排污单位	1.0	1.0	2.0
11	氨氮/(mg/L)	医药原料药、染料、石油化工工业	15	50	—
		其他排污单位	15	25	—
12	氟化物/(mg/L)	黄磷工业	10	20	20
		低氟地区（水体含氟量＜0.5mg/L）	10	20	30
		其他排污单位	10	10	20
13	磷酸盐（以P计）/(mg/L)	一切排污单位	0.5	1.0	—
14	甲醛/(mg/L)	一切排污单位	1.0	2.0	5.0
15	苯胺类/(mg/L)	一切排污单位	1.0	2.0	5.0
16	硝基苯类/(mg/L)	一切排污单位	2.0	3.0	5.0
17	阴离子表面活性剂（LAS）/(mg/L)	合成洗涤剂工业	5.0	15	20
		其他排污单位	5.0	10	20
18	总铜/(mg/L)	一切排污单位	0.5	1.0	2.0
19	总锌/(mg/L)	一切排污单位	2.0	5.0	5.0
20	总锰/(mg/L)	合成脂肪酸工业	2.0	5.0	5.0
		其他排污单位	2.0	2.0	5.0
21	彩色显影剂/(mg/L)	电影洗片	2.0	3.0	5.0
22	显影剂及氧化物总量/(mg/L)	电影洗片	3.0	6.0	6.0
23	元素磷/(mg/L)	一切排污单位	0.1	0.3	0.3
24	有机磷农药（以P计）/(mg/L)	一切排污单位	不得检出	0.5	0.5
25	粪大肠菌群数/(个/L)	医院*、兽医院及医疗机构含病原体污水	500	1000	5000
		传染病、结核病医院污水	100	500	1000
26	总余氯（采用氯化消毒的医院污水）/(mg/L)	医院*、兽医院及医疗机构含病原体污水	＜0.5**	＞3（接触时间≥1h）	＞2（接触时间≥1h）
		传染病、结核病医院污水	＜0.5**	＞6.5（接触时间≥1.5h	＞5（接触时间≥1.5h）

注：其他排污单位指除该控制项目中所列行业以外的一切排污单位。

* 指50个床位以上的医院。

** 加氯消毒后须进行脱氧处理，达到本标准。

表 3　部分行业最高允许排水量（1997 年 12 月 31 日之前建设的单位）

序号	行业类别			最高允许排水量 或最低允许水重复利用率
1	矿山工业	有色金属系统选矿		水重复利用率 75%
		其他矿山工业采矿、选矿、选煤等		水重复利用率 90%（选煤）
		脉金选矿	重选	16.0m^3/t（矿石）
			浮选	9.0m^3/t（矿石）
			氰化	8.0m^3/t（矿石）
			碳浆	8.0m^3/t（矿石）
2	焦化企业（煤气厂）			1.2m^3/t（焦炭）
3	有色金属冶炼及金属加工			水重复利用率 80%
4	石油炼制工业（不包括直排水炼油厂） 加工深度分类： A. 燃料型炼油厂 B. 燃料 + 润滑油型炼油厂 C. 燃料 + 润滑油型 + 炼油化工型炼油厂 （包括加工高含硫原油页岩油和石油添加剂生产基地的炼油厂）		A	>500 万 t，1.0m^3/t（原油） 250～500 万 t，1.2m^3/t（原油） <250 万 t，1.5m^3/t（原油）
			B	>500 万 t，1.5m^3/t（原油） 250～500 万 t，2.0m^3/t（原油） <250 万 t，2.0m^3/t（原油）
			C	>500 万 t，2.0m^3/t（原油） 250～500 万 t，2.5m^3/t（原油） <250 万 t，2.5m^3/t（原油）
5	合成洗涤剂工业	氯化法生产烷基苯		200.0m^3/t（烷基苯）
		裂解法生产烷基苯		70.0m^3/t（烷基苯）
		烷基苯生产合成洗涤剂		10.0m^3/t（产品）
6	合成脂肪酸工业			200.0m^3/t（产品）
7	湿法生产纤维板工业			30.0m^3/t（板）
8	制糖工业	甘蔗制糖		10.0m^3/t（甘蔗）
		甜菜制糖		4.0m^3/t（甜菜）
9	皮革工业	猪盐湿皮		60.0m^3/t（原皮）
		牛干皮		100.0m^3/t（原皮）
		羊干皮		150.0m^3/t（原皮）
10	发酵酿造工业	酒精工业	以玉米为原料	150.0m^3/t（酒精）
			以薯类为原料	100m^3/t（酒精）
			以糖蜜为原料	80.0m^3/t（酒）
		味精工业		600.0m^3/t（味精）
		啤酒工业（排水量不包括麦芽水部分）		16.0m^3/t（啤酒）
11	铬盐工业			5.0m^3/t（产品）
12	硫酸工业（水洗法）			15.0m^3/t（硫酸）
13	苎麻脱胶工业			500m^3/t（原麻） 750m^3/t（精干麻）
14	化纤浆粕			本色：150m^3/t（浆） 漂白：240m^3/t（浆）
15	粘胶纤维工业（单纯纤维）	短纤维（棉型中长纤维、毛型中长纤维）		300m^3/t（纤维）
		长纤维		800m^3/t（纤维）
16	铁路货车洗刷			5.0m^3/辆
17	电影洗片			5m^3/1000m（35mm 的胶片）
18	石油沥青工业			冷却池的水循环利用率 95%

表4　第二类污染物最高允许排放浓度（1998年1月1日后建设的单位）

序号	污染物	适用范围	一级标准	二级标准	三级标准
1	pH	一切排污单位	6～9	6～9	6～9
2	色度（稀释倍数）	一切排污单位	50	80	—
3	悬浮物（SS）/(mg/L)	采矿、选矿、选煤工业	70	300	—
		脉金选矿	70	400	—
		边远地区砂金选矿	70	800	—
		城镇二级污水处理厂	20	30	—
		其他排污单位	70	150	400
4	五日生化需氧量（BOD_5）/(mg/L)	甘蔗制糖、苎麻脱胶、湿法纤维板、染料、洗毛工业	20	60	600
		甜菜制糖、酒精、味精、皮革、化纤浆粕工业	20	100	600
		城镇二级污水处理厂	20	30	—
		其他排污单位	20	30	300
5	化学需氧量（COD）/(mg/L)	甜菜制糖、合成脂肪酸、湿法纤维板、染料、洗毛、有机磷农药工业	100	200	1000
		味精、酒精、医药原料药、生物制药、苎麻脱胶、皮革、化纤浆粕工业	100	300	1000
		石油化工工业（包括石油炼制）	60	120	—
		城镇二级污水处理厂	60	120	500
		其他排污单位	100	150	500
6	石油类/(mg/L)	一切排污单位	5	10	20
7	动植物油/(mg/L)	一切排污单位	10	15	100
8	挥发酚/(mg/L)	一切排污单位	0.5	0.5	2.0
9	总氰化合物/(mg/L)	一切排污单位	0.5	0.5	1.0
10	硫化物/(mg/L)	一切排污单位	1.0	1.0	1.0
11	氨氮/(mg/L)	医药原料药、染料、石油化工工业	15	50	—
		其他排污单位	15	25	—
12	氟化物/(mg/L)	黄磷工业	10	15	20
		低氟地区（水体含氟量<0.5mg/L）	10	20	30
		其他排污单位	10	10	20
13	磷酸盐（以P计）/(mg/L)	一切排污单位	0.5	1.0	—
14	甲醛/(mg/L)	一切排污单位	1.0	2.0	5.0
15	苯胺类/(mg/L)	一切排污单位	1.0	2.0	5.0
16	硝基苯类/(mg/L)	一切排污单位	2.0	3.0	5.0
17	阴离子表面活性剂（LAS）/(mg/L)	一切排污单位	5.0	10	20
18	总铜/(mg/L)	一切排污单位	0.5	1.0	2.0

续表

序号	污染物	适用范围	一级标准	二级标准	三级标准
19	总锌/(mg/L)	一切排污单位	2.0	5.0	5.0
20	总锰/(mg/L)	合成脂肪酸工业	2.0	5.0	5.0
		其他排污单位	2.0	2.0	5.0
21	彩色显影剂/(mg/L)	电影洗片	1.0	2.0	3.0
22	显影剂及氧化物总量/(mg/L)	电影洗片	3.0	3.0	6.0
23	元素磷/(mg/L)	一切排污单位	0.1	0.1	0.3
24	有机磷农药（以 P 计）/(mg/L)	一切排污单位	不得检出	0.5	0.5
25	乐果/(mg/L)	一切排污单位	不得检出	1.0	2.0
26	对硫磷/(mg/L)	一切排污单位	不得检出	1.0	2.0
27	甲基对硫磷/(mg/L)	一切排污单位	不得检出	1.0	2.0
28	马拉硫磷/(mg/L)	一切排污单位	不得检出	5.0	10
29	五氯酚及五氯酚钠（以五氯酚计）/(mg/L)	一切排污单位	5.0	8.0	10
30	可吸附有机卤化物(AOX)(以 Cl 计）/(mg/L)	一切排污单位	1.0	5.0	8.0
31	三氯甲烷/(mg/L)	一切排污单位	0.3	0.6	1.0
32	四氯化碳/(mg/L)	一切排污单位	0.03	0.06	0.5
33	三氯乙烯/(mg/L)	一切排污单位	0.3	0.6	1.0
34	四氯乙烯/(mg/L)	一切排污单位	0.1	0.2	0.5
35	苯/(mg/L)	一切排污单位	0.1	0.2	0.5
36	甲苯/(mg/L)	一切排污单位	0.1	0.2	0.5
37	乙苯/(mg/L)	一切排污单位	0.4	0.6	1.0
38	邻二甲苯/(mg/L)	一切排污单位	0.4	0.6	1.0
39	对二甲苯/(mg/L)	一切排污单位	0.4	0.6	1.0
40	间二甲苯/(mg/L)	一切排污单位	0.4	0.6	1.0
41	氯苯/(mg/L)	一切排污单位	0.2	0.4	1.0
42	邻二氯苯/(mg/L)	一切排污单位	0.4	0.6	1.0
43	对二氯苯/(mg/L)	一切排污单位	0.4	0.6	1.0
44	对硝基氯苯/(mg/L)	一切排污单位	0.5	1.0	5.0
45	2, 4-二硝基氯苯/(mg/L)	一切排污单位	0.5	1.0	5.0
46	苯酚/(mg/L)	一切排污单位	0.3	0.4	1.0
47	间甲酚/(mg/L)	一切排污单位	0.1	0.2	0.5
48	2, 4-二氯酚/(mg/L)	一切排污单位	0.6	0.8	1.0
49	2, 4, 6-三氯酚/(mg/L)	一切排污单位	0.6	0.8	1.0
50	邻苯二甲酸二丁酯/(mg/L)	一切排污单位	0.2	0.4	2.0
51	邻苯二甲酸二辛酯/(mg/L)	一切排污单位	0.3	0.6	2.0

续表

序号	污染物	适用范围	一级标准	二级标准	三级标准
52	丙烯腈/(mg/L)	一切排污单位	2.0	5.0	5.0
53	总硒/(mg/L)	一切排污单位	0.1	0.2	0.5
54	粪大肠菌群数/(个/L)	医院*、兽医院及医疗机构含病原体污水	500	1000	5000
		传染病、结核病医院污水	100	500L	1000
55	总余氯（采用氯化消毒的医院污水）/(mg/L)	医院*、兽医院及医疗机构含病原体污水	<0.5**	>3（接触时间≥1h）	>2（接触时间≥1h）
		传染病、结核病医院污水	<0.5**	>6.5（接触时间≥1.5h）	>5（接触时间≥1.5h）
56	总有机碳（TOC）/(mg/L)	合成脂肪酸工业	20	40	—
		苎麻脱胶工业	20	60	—
		其他排污单位	20	30	—

注：其他排污单位指除在该控制项目中所列行业以外的一切排污单位。

* 指 50 个床位以上的医院。

** 加氯消毒后须进行脱氯处理，达到本标准。

表 5　部分行业最高允许排水量（1998 年 1 月 1 日后建设的单位）

序号	行业类别			最高允许排水量或最低允许排水重复利用率	
1	矿山工业	有色金属系统选矿		水重复利用率 75%	
		其他矿山工业采矿、选矿、选煤等		水重复利用率 90%（选煤）	
		脉金选矿	重选	$16.0m^3/t$（矿石）	
			浮选	$9.0m^3/t$（矿石）	
			氰化	$8.0m^3/t$（矿石）	
			碳浆	$8.0m^3/t$（矿石）	
2	焦化企业（煤气厂）			$1.2m^3/t$（焦炭）	
3	有色金属冶炼及金属加工			水重复利用率 80%	
4	石油炼制工业（不包括直排水炼油厂） 加工深度分类： A. 燃料型炼油厂 B. 燃料＋润滑油型炼油厂 C. 燃料＋润滑油型＋炼油化工型炼油厂 （包括加工高含硫原油页岩油和石油添加剂生产基地的炼油厂）			A	>500 万 t，$1.0m^3/t$（原油） 250～500 万 t，$1.2m^3/t$（原油） <250 万 t，$1.5m^3/t$（原油）
				B	>500 万 t，$1.5m^3/t$（原油） 250～500 万 t，$2.0m^3/t$（原油） <250 万 t，$2.0m^3/t$（原油）
				C	>500 万 t，$2.0m^3/t$（原油） 250～500 万 t，$2.5m^3/t$（原油） <250 万 t，$2.5m^3/t$（原油）
5	合成洗涤剂工业	氯化法生产烷基苯		$200.0m^3/t$（烷基苯）	
		裂解法生产烷基苯		$70.0m^3/t$（烷基苯）	
		烷基苯生产合成洗涤剂		$10.0m^3/t$（产品）	
6	合成脂肪酸工业			$200.0m^3/t$（产品）	
7	湿法生产纤维板工业			$30.0m^3/t$（板）	

续表

序号	行业类别			最高允许排水量或最低允许排水重复利用率
8	制糖工业		甘蔗制糖	$10.0m^3/t$
			甜菜制糖	$4.0m^3/t$
9	皮革工业		猪盐湿皮	$60.0m^3/t$
			牛干皮	$100.0m^3/t$
			羊干皮	$150.0m^3/t$
10	发酵酿造工业	酒精工业	以玉米为原料	$100.0m^3/t$
			以薯类为原料	$80.0m^3/t$
			以糖蜜为原料	$70.0m^3/t$
		味精工业		$600.0m^3/t$
		啤酒行业（排水量不包括麦芽水部分）		$16.0m^3/t$
11	铬盐工业			$5.0m^3/t$（产品）
12	硫酸工业（水洗法）			$15.0m^3/t$（硫酸）
13	苎麻脱胶工业			$500m^3/t$（原麻） $750m^3/t$（精干麻）
14	粘胶纤维工业单纯纤维	短纤维（棉型中长纤维、毛型中长纤维）		$300.0m^3/t$（纤维）
		长纤维		$800.0m^3/t$（纤维）
15	化纤浆粕			本色：$150m^3/t$（浆） 漂白：$240m^3/t$（浆）
16	制药工业医药原料药		青霉素	$4700m^3/t$（青霉素）
			链霉素	$1450m^3/t$（链霉素）
			土霉素	$1300m^3/t$（土霉素）
			四环素	$1900m^3/t$（四环素）
			洁霉素	$9200m^3/t$（洁霉素）
			金霉素	$3000m^3/t$（金霉素）
			庆大霉素	$20400m^3/t$（庆大霉素）
			维生素 C	$1200m^3/t$（维生素 C）
			氯霉素	$2700m^3/t$（氯霉素）
			新诺明	$2000m^3/t$（新诺明）
			维生素 B_1	$3400m^3/t$（维生素 B_1）
			安乃近	$180m^3/t$（安乃近）
			非那西汀	$750m^3/t$（非那西汀）
			呋喃唑酮	$2400m^3/t$（呋喃唑酮）
			咖啡因	$1200m^3/t$（咖啡因）
17	有机磷农药工业*		乐果**	$700m^3/t$（产品）
			甲基对硫磷（水相法）**	$300m^3/t$（产品）
			对硫磷（P_2S_5法）**	$500m^3/t$（产品）

续表

序号	行业类别		最高允许排水量或最低允许排水重复利用率
17	有机磷农药工业*	对硫磷（$PSCl_3$ 法）**	550m^3/t（产品）
		敌敌畏（敌百虫碱解法）	200m^3/t（产品）
		敌百虫	40m^3/t（产品）（不包括三氯乙醛生产废水）
		马拉硫磷	700m^3/t（产品）
18	除草剂工业*	除草醚	5m^3/t（产品）
		五氯酚钠	2m^3/t（产品）
		五氯酚	4m^3/t（产品）
		2-甲基-4-氯苯氧乙酸	14m^3/t（产品）
		2, 4-D 丁酯原药	4m^3/t（产品）
		丁草胺	4.5m^3/t（产品）
		绿麦隆（以 Fe 粉还原）	2m^3/t（产品）
		绿麦隆（以 Na_2S 还原）	3m^3/t（产品）
19	火力发电工业		3.5m^3/(MW·h)
20	铁路货车洗刷		5.0m^3/辆
21	电影洗片		5m^3/1000m（35mm 胶片）
22	石油沥青工业		冷却池的水循环利用率 95%

* 产品按 100%浓度计。

** 不包括 P_2S_5、$PSCl_3$、PCl_3 原料生产废水。

表 6　污水综合排放标准中的测定方法

序号	项目	测定方法	方法来源
1	总汞	冷原子吸收分光光度法	HJ 597—2011
2	烷基汞	气相色谱法	GB/T 14204—1993
3	总镉	原子吸收分光光度法	GB 7475—1987
		双硫腙分光光度法	GB 7471—1987
4	总铬	高锰酸钾氧化-二苯碳酰二肼分光光度法	GB 7466—1987
5	六价铬	二苯碳酰二肼分光光度法	GB 7467—1987
6	总砷	二乙基二硫代氨基甲酸银分光光度法	GB 7485—1987
7	总铅	原子吸收分光光度法	GB 7475—1987
8	总镍	火焰原子吸收分光光度法	GB 11912—1989
		丁二酮肟分光光度法	GB 11910—1989
9	苯并[a]芘	乙酰化滤纸层析荧光分光光度法	GB 11895—1989
10	总铍	活性炭吸附-铬天菁 S 光度法	1）
11	总银	火焰原子吸收分光光度法	GB 11907—1989
12	总 α 射线	物理法	2）
13	总 β 射线	物理法	2）
14	pH	玻璃电极法	GB 6920—1986
15	色度	稀释倍数法	GB 11903—1989
16	悬浮物	重量法	GB 11901—1989

续表

序号	项目	测定方法	方法来源
17	生化需氧量（BOD_5）	稀释与接种法	HJ 505—2009
18	化学需氧量（COD）	重铬酸钾法	HJ 828—2017
19	石油类	红外分光光度法	HJ 637—2018
20	动植物油	红外分光光度法	HJ 637—2018
21	挥发酚	4-氨基安替比林分光光度法	HJ 503—2009
22	总氰化物	分光光度法	HJ 484—2009
23	硫化物	亚甲基蓝分光光度法	GB 16489-1996
24	氨氮	钠氏试剂比色法	HJ 535—2009
		蒸馏和滴定法	HJ 537—2009
25	氟化物	离子选择电极法	GB 7484—1987
26	磷酸盐	钼蓝比色法	1）
27	甲醛	乙酰丙酮分光光度法	HJ 601—2011
28	苯胺类	*N*-(1-萘基)乙二胺偶氮分光光度法	GB 11889—1989
29	硝基苯类	还原-偶氮比色法或分光光度法	1）
30	阴离子表面活性剂	亚甲蓝分光光度法	GB 7494—1987
31	总铜	原子吸收分光光度法	GB 7475—1987
		二乙基二硫化氨基甲酸钠分光光度法	HJ 485—2009
32	总锌	原子吸收分光光度法	GB 7475—1987
		双硫腙分光光度法	GB 7472—1987
33	总锰	火焰原子吸收分光光度法	GB 11911—1989
		高碘酸钾分光光度法	GB 11906—1989
34	彩色显影剂	169 成色剂分光光度法	HJ 595—2010
35	显影剂及氧化物总量	碘-淀粉分光光度法	HJ 594—2010
36	元素磷	磷钼蓝分光光度法	HJ 593—2010
37	有机磷农药（以 P 计）	有机磷农药测定	GB 13192—1991
38	乐果	气相色谱法	GB 13192—1991
39	对硫磷	气相色谱法	GB 13192—1991
40	甲基对硫磷	气相色谱法	GB 13192—1991
41	马拉硫磷	气相色谱法	GB 13192—1991
42	五氯酚及五氯酚钠（以五氯酚计）	气相色谱法	HJ 591—2010
		藏红 T 分光光度法	GB 9803—1988
43	可吸附有机卤化物	微库仑法	GB/T 15959—1995
44	三氯甲烷	气相色谱法	HJ 620—2011
45	四氯化碳	气相色谱法	HJ 620—2011
46	三氯乙烯	气相色谱法	HJ 620—2011
47	四氯乙烯	气相色谱法	HJ 620—2011
48	苯	气相色谱法	GB 11890—1989
49	甲苯	气相色谱法	GB 11890—1989

续表

序号	项目	测定方法	方法来源
50	乙苯	气相色谱法	GB 11890—1989
51	邻二甲苯	气相色谱法	GB 11890—1989
52	对二甲苯	气相色谱法	GB 11890—1989
53	间二甲苯	气相色谱法	GB 11890—1989
54	氯苯	气相色谱法	HJ 621—2011
55	邻二氯苯	气相色谱法	HJ 621—2011
56	对二氯苯	气相色谱法	HJ 621—2011
57	对硝基氯苯	气相色谱法	HJ 648—2013
58	2, 4-二硝基氯苯	气相色谱法	HJ 648—2013
59	苯酚	气相色谱法	HJ 676—2013
60	间甲酚	气相色谱法	HJ 676—2013
61	2, 4-二氯酚	气相色谱法	HJ 676—2013
62	2, 4, 6-三氯酚	气相色谱法	HJ 676—2013
63	邻苯二甲酸二丁酯	气相、液相色谱法	HJ/T 72—2001
64	邻苯二甲酸二辛酯	气相、液相色谱法	HJ/T 72—2001
65	丙烯腈	气相色谱法	HJ 806—2016
66	总硒	2, 3-二氨基萘荧光法	GB 11902—1989
67	粪大肠菌群数	多管发酵法	HJ 347.2—2018
68	余氯量	*N*, *N*-二乙基-1, 4-苯二胺分光光度法	HJ 586—2010
		N, *N*-二乙基-1, 4-苯二胺滴定法	HJ 585—2010
69	总有机碳（TOC）	非色散红外吸收法	HJ 501—2009

注：暂采用下列方法，待国家方法标准发布后，执行国家标准。

1）《水和废水监测分析方法（第 3 版）》，中国环境科学出版社，1989 年。

2）《环境监测技术规范（放射性部分）》，国家环境保护局，1986 年。

附录三　大气污染物综合排放标准（GB 16297—1996）

表 1　新污染源大气污染物排放限值

序号	污染物	最高允许排放浓度/(mg/m^3)	排气筒高度/m	最高允许排放速率/(kg/h)		无组织排放监控浓度限值	
				二级	三级	监控点	浓度
1	二氧化硫	960（硫、二氧化硫、硫酸和其他含硫化合物生产）	15	2.6	3.5	周界外浓度最高点①	0.40mg/m^3
			20	4.3	6.6		
			30	15	22		
			40	25	38		
			50	39	58		
		550（硫、二氧化硫、硫酸和其他含硫化合物生产）	60	55	83		
			70	77	120		
			80	110	160		
			90	130	200		
			100	170	270		
2	氮氧化物	1400（硝酸、氮肥和火炸药生产）	15	0.77	1.2	周界外浓度最高点	0.12mg/m^3
			20	1.3	2.0		
			30	4.4	6.6		
			40	7.5	11		
			50	12	18		
		240（硝酸使用和其他）	60	16	25		
			70	23	35		
			80	31	47		
			90	40	61		
			100	52	78		
3	颗粒物	18（炭黑尘，染料尘）	15	0.51	0.74	周界外浓度最高点	1.0mg/m^3
			20	0.85	1.3		
			30	3.4	5.0		
			40	5.8	8.5		
		60②（玻璃棉尘、石英粉尘、矿渣棉尘）	15	1.9	2.6	周界外浓度最高点	1.0mg/m^3
			20	3.1	4.5		
			30	12	18		
			40	21	31		
		120（其他）	15	3.5	5.0	周界外浓度最高点	1.0mg/m^3
			20	5.9	8.5		
			30	23	34		
			40	39	59		
			50	60	94		
			60	85	130		

续表

序号	污染物	最高允许排放浓度/(mg/m^3)	排气筒高度/m	最高允许排放速率/(kg/h)		无组织排放监控浓度限值	
				二级	三级	监控点	浓度
4	氯化氢	100	15	0.26	0.39	周界外浓度最高点	0.20mg/m^3
			20	0.43	0.65		
			30	1.4	2.2		
			40	2.6	3.8		
			50	3.8	5.9		
			60	5.4	8.3		
			70	7.7	12		
			80	10	16		
5	铬酸雾	0.070	15	0.008	0.012	周界外浓度最高点	0.0060mg/m^3
			20	0.013	0.020		
			30	0.043	0.066		
			40	0.076	0.12		
			50	0.12	0.18		
			60	0.16	0.25		
6	硫酸雾	430（火炸药厂）	15	1.5	2.4	周界外浓度最高点	1.2mg/m^3
			20	2.6	3.9		
			30	8.8	13		
			40	15	23		
		45（其他）	50	23	35		
			60	33	50		
			70	46	70		
			80	63	95		
7	氟化物	90（普钙工业）	15	0.10	0.15	周界外浓度最高点	20μg/m^3
			20	0.17	0.26		
			30	0.59	0.88		
			40	1.0	1.5		
		9.0（其他）	50	1.5	2.3		
			60	2.2	3.3		
			70	3.1	4.7		
			80	4.2	6.3		
8	氯气[⑨]	65	25	0.52	0.78	周界外浓度最高点	0.40mg/m^3
			30	0.87	1.3		
			40	2.9	4.4		
			50	5.0	7.6		
			60	7.7	12		
			70	11	17		
9	铅及其化合物	0.70	15	0.004	0.006	周界外浓度最高点	0.0060mg/m^3
			20	0.006	0.009		
			30	0.027	0.041		
			40	0.047	0.071		

续表

序号	污染物	最高允许排放浓度/(mg/m³)	排气筒高度/m	最高允许排放速率/(kg/h)		无组织排放监控浓度限值	
				二级	三级	监控点	浓度
9	铅及其化合物	0.70	50	0.072	0.11	周界外浓度最高点	0.0060mg/m³
			60	0.10	0.15		
			70	0.15	0.22		
			80	0.20	0.30		
			90	0.26	0.40		
			100	0.33	0.51		
10	汞及其化合物	0.012	15	1.5×10^{-3}	2.4×10^{-3}	周界外浓度最高点	0.0012mg/m³
			20	2.6×10^{-3}	3.9×10^{-3}		
			30	7.8×10^{-3}	13×10^{-3}		
			40	15×10^{-3}	23×10^{-3}		
			50	23×10^{-3}	35×10^{-3}		
			60	33×10^{-3}	50×10^{-3}		
11	镉及其化合物	0.85	15	0.050	0.080	周界外浓度最高点	0.040mg/m³
			20	0.090	0.13		
			30	0.29	0.44		
			40	0.50	0.77		
			50	0.77	1.2		
			60	1.1	1.7		
			70	1.5	2.3		
			80	2.1	3.2		
12	铍及其化合物	0.012	15	1.1×10^{-3}	1.7×10^{-3}	周界外浓度最高点	0.0008mg/m³
			20	1.8×10^{-3}	2.8×10^{-3}		
			30	6.2×10^{-3}	9.4×10^{-3}		
			40	11×10^{-3}	16×10^{-3}		
			50	16×10^{-3}	25×10^{-3}		
			60	23×10^{-3}	35×10^{-3}		
			70	33×10^{-3}	50×10^{-3}		
			80	44×10^{-3}	67×10^{-3}		
13	镍及其化合物	4.3	15	0.15	0.24	周界外浓度最高点	0.040mg/m³
			20	0.26	0.34		
			30	0.88	1.3		
			40	1.5	2.3		
			50	2.3	2.5		
			60	3.3	5.0		
			70	4.6	7.0		
			80	6.3	10		
14	锡及其化合物	8.5	15	0.31	0.47	周界外浓度最高点	0.24mg/m³
			20	0.52	0.79		
			30	1.8	2.7		

续表

序号	污染物	最高允许排放浓度/(mg/m³)	排气筒高度/m	最高允许排放速率/(kg/h)		无组织排放监控浓度限值	
				二级	三级	监控点	浓度
14	锡及其化合物	8.5	40	3.0	4.6	周界外浓度最高点	0.24mg/m³
			50	4.6	7.0		
			60	6.6	10		
			70	9.3	14		
			80	13	19		
15	苯	12	15	0.50	0.80	周界外浓度最高点	0.40mg/m³
			20	0.90	1.3		
			30	2.9	4.4		
			40	5.6	7.6		
16	甲苯	40	15	3.1	4.7	周界外浓度最高点	2.4mg/m³
			20	5.2	7.9		
			30	18	27		
			40	30	46		
17	二甲苯	70	15	1.0	1.5	周界外浓度最高点	0.080mg/m³
			20	1.7	2.6		
			30	5.9	8.8		
			40	10	15		
18	酚类	100	15	0.10	0.15	周界外浓度最高点	0.080mg/m³
			20	0.17	0.26		
			30	0.58	0.88		
			40	1.0	1.5		
			50	1.5	2.3		
			60	2.2	3.3		
19	甲醛	25	15	0.26	0.39	周界外浓度最高点	0.20mg/m³
			20	0.43	0.65		
			30	1.4	2.2		
			40	2.6	3.8		
			50	3.8	5.9		
			60	5.4	8.3		
20	乙醛	125	15	0.050	0.080	周界外浓度最高点	0.040mg/m³
			20	0.090	0.13		
			30	0.29	0.44		
			40	0.50	0.77		
			50	0.77	1.2		
			60	1.1	1.6		
21	丙烯腈	22	15	0.77	1.2	周界外浓度最高点	0.60mg/m³
			20	1.3	2.0		
			30	4.4	6.6		
			40	7.5	11		

续表

序号	污染物	最高允许排放浓度/(mg/m³)	排气筒高度/m	最高允许排放速率/(kg/h)		无组织排放监控浓度限值	
				二级	三级	监控点	浓度
21	丙烯腈	22	50	12	18	周界外浓度最高点	0.60mg/m³
			60	16	25		
22	丙烯醛	16	15	0.52	0.78	周界外浓度最高点	0.40mg/m³
			20	0.87	1.3		
			30	2.9	4.4		
			40	5.0	7.6		
			50	7.7	12		
			60	11	17		
23	氰化氢[④]	1.9	25	0.15	0.24	周界外浓度最高点	0.024mg/m³
			30	0.26	0.39		
			40	0.88	1.3		
			50	1.5	2.3		
			60	2.3	3.5		
			70	3.3	5.0		
			80	4.6	7.0		
24	甲醇	190	15	5.1	7.8	周界外浓度最高点	12mg/m³
			20	8.6	13		
			30	29	44		
			40	50	70		
			50	77	120		
			60	100	170		
25	苯胺类	20	15	0.52	0.78	周界外浓度最高点	0.40mg/m³
			20	0.87	1.3		
			30	2.9	4.4		
			40	5.0	7.6		
			50	7.7	12		
			60	11	17		
26	氯苯类	60	15	0.52	0.78	周界外浓度最高点	0.40mg/m³
			20	0.87	1.3		
			30	2.5	3.8		
			40	4.3	6.5		
			50	6.6	9.9		
			60	9.3	14		
			70	13	20		
			80	18	27		
			90	23	35		
			100	29	44		
27	硝基苯类	16	15	0.050	0.080	周界外浓度最高点	0.040mg/m³
			20	0.090	0.13		
			30	0.29	0.44		

续表

序号	污染物	最高允许排放浓度/(mg/m³)	排气筒高度/m	最高允许排放速率/(kg/h)		无组织排放监控浓度限值	
				二级	三级	监控点	浓度
27	硝基苯类	16	40	0.50	0.77	周界外浓度最高点	0.040mg/m³
			50	0.77	1.2		
			60	1.1	1.7		
28	聚乙烯	36	15	0.77	1.2	周界外浓度最高点	0.60mg/m³
			20	1.3	2.0		
			30	4.4	6.6		
			40	7.5	11		
			50	12	18		
			60	16	25		
29	苯并[a]芘	0.30×10^{-3}（沥青及碳素制品生产和加工）	15	0.050×10^{-3}	0.080×10^{-3}	周界外浓度最高点	0.008mg/m³
			20	0.085×10^{-3}	0.16×10^{-3}		
			30	0.29×10^{-3}	0.43×10^{-3}		
			40	0.50×10^{-3}	0.76×10^{-3}		
			50	0.77×10^{-3}	1.2×10^{-3}		
			60	1.1×10^{-3}	1.7×10^{-3}		
30	光气⑤	3.0	20	0.10	0.15	周界外浓度最高点	0.080mg/m³
			30	0.17	0.26		
			40	0.59	0.88		
			50	1.0	1.5		
31	沥青烟	140（吹制沥青）	15	0.18	0.27	生产设备不得有明显的无组织排放存在	
			20	0.30	0.45		
			30	1.3	2.0		
		40（熔炼、浸涂）	40	2.3	3.5		
			50	3.6	5.4		
			60	5.6	7.5		
		75（建筑搅拌）	70	7.4	11		
			80	10	15		
32	石棉尘	一根（纤维）/cm³或10mg/m³	15	0.55	0.83	生产设备不得有明显的无组织排放存在	
			20	0.93	1.4		
			30	3.6	5.4		
			40	6.2	9.3		
			50	9.4	14		
33	非甲烷总烃	120（使用溶剂汽油或其他混合烃类物质）	15	10	16	周界外浓度最高点	4.0mg/m³
			20	17	27		
			30	53	83		
			40	100	150		

①周界外浓度最高点一般应设置于无组织排放源下风向的单位周界外 10m 范围内，若预计无组织排放的最大落地浓度点越出 10m 范围，可将监控点移至预计浓度最高点。

②均指游离二氧化硅超过 10%以上的各种尘。

③排放氯气的排气筒不得低于 25m。

④排放氰化氢的排气筒不得低于 25m。

⑤排放光气的排气筒不得低于 25m。

附录四　环境空气质量标准（GB 3095—2012）

表 1　环境空气污染物基本项目浓度限值

序号	污染物项目	平均时间	浓度限值	
			一级	二级
1	二氧化硫（SO_2）/(μg/m^3)	年平均	20	60
		24h 平均	50	150
		1h 平均	150	500
2	二氧化氮（NO_2）/(μg/m^3)	年平均	40	40
		24h 平均	80	80
		1h 平均	200	200
3	一氧化碳（CO）/(mg/m^3)	24h 平均	4	4
		1h 平均	10	10
4	臭氧（O_3）/(μg/m^3)	日最大 8h 平均	100	160
		1h 平均	160	200
5	颗粒物（粒径≤10μm）/(μg/m^3)	年平均	40	70
		24h 平均	50	150
6	颗粒物（粒径≤2.5μm）/(μg/m^3)	年平均	15	35
		24h 平均	35	75

表 2　环境空气污染物其他项目浓度限值　　（单位：μg/m^3）

序号	污染物项目	平均时间	浓度限值	
			一级	二级
1	总悬浮颗粒物（TSP）	年平均	80	200
		24h 平均	120	300
2	氮氧化物（NO_x）	年平均	50	50
		24h 平均	100	100
		1h 平均	250	250
3	铅（Pb）	年平均	0.5	0.5
		季平均	1	1
4	苯并[a]芘（BaP）	年平均	0.001	0.001
		24h 平均	0.0025	0.0025

表3　环境空气中镉、汞、砷、六价铬和氟化物参考浓度限值

序号	污染物项目	平均时间	浓度（通量）限量	
			一级	二级
1	镉（Cd）/($\mu g/m^3$)	年平均	0.005	0.005
2	汞（Hg）/($\mu g/m^3$)	年平均	0.05	0.05
3	砷（As）/($\mu g/m^3$)	年平均	0.006	0.006
4	六价铬[Cr(Ⅵ)]/($\mu g/m^3$)	年平均	0.000025	0.000025
5	氟化物（F）/($\mu g/m^3$)	1h 平均	20①	20①
		24h 平均	7①	7①
	氟化物（F）/[$\mu g/(dm^2 \cdot d)$]	月平均	1.8②	3.0③
		植物生长季平均	1.2②	2.0③

①适用于城市地区。

②适用于牧业区和以牧业区为主的半农半牧区、桑蚕区。

③适用于农业和林业区。

附录五　土壤环境质量 农用地土壤污染风险管控标准（试行）（GB 15618—2018）

表 1　农用地土壤污染风险筛选值（基本项目）

序号	污染物项目[a,b]		风险筛选值/(mg/kg)			
			pH≤5.5	5.5＜pH≤6.5	6.5＜pH≤7.5	pH＞7.5
1	镉	水田	0.3	0.4	0.6	0.8
		其他	0.3	0.3	0.3	0.6
2	汞	水田	0.5	0.5	0.6	1.0
		其他	1.3	1.8	2.4	3.4
3	砷	水田	30	30	25	20
		其他	40	40	30	25
4	铅	水田	80	100	140	240
		其他	70	90	120	170
5	铬	水田	250	250	300	350
		其他	150	150	200	250
6	铜	果园	150	150	200	200
		其他	50	50	100	100
7	镍		60	70	100	190
8	锌		200	200	250	300

a 重金属和类金属砷均按元素总量计。

b 对于水旱轮作地，采用其中较严格的风险筛选值。

表 2　农用地土壤污染风险筛选值（其他项目）

序号	污染物项目	风险筛选值/(mg/kg)
1	六六六总量[a]	0.10
2	滴滴滴总量[b]	0.10
3	苯并[a]芘	0.55

a 六六六总量为 α-六六六、β-六六六、γ-六六六、δ-六六六四种异构体的含量总和。

b 滴滴滴总量为 p,p'-滴滴伊、p,p'-滴滴滴、o,p'-滴滴涕、p,p'-滴滴涕四种衍生物的含量总和。

表 3　农用地土壤污染风险管制值

序号	污染物项目	风险管制值/(mg/kg)			
		pH≤5.5	5.5＜pH≤6.5	6.5＜pH≤7.5	pH＞7.5
1	镉	1.5	2.0	3.0	4.0
2	汞	2.0	2.5	4.0	6.0
3	砷	200	150	120	100
4	铅	400	500	700	1000
5	铬	800	850	1000	1300

附录六　土壤环境质量 建设用地土壤污染风险管控标准（试行）（GB 36600—2018）

表 1　建设用地土壤污染风险筛选值和管控值（基本项目）

序号	污染物项目	CAS 编号	筛选值/(mg/kg)		管制值/(mg/kg)	
			第一类用地	第二类用地	第一类用地	第二类用地
重金属和无机物						
1	砷	7440-38-2	20[a]	60[a]	120	140
2	镉	7440-43-9	20	65	47	172
3	铬（六价）	18540-29-9	3	5.7	30	78
4	铜	7440-50-8	2000	18000	8000	36000
5	铅	7439-92-1	400	800	800	2500
6	汞	7439-97-6	8	38	33	82
7	镍	7440-02-0	150	900	600	2000
挥发性有机物						
8	四氯化碳	56-23-5	0.9	2.8	9	36
9	氯仿	67-66-3	0.3	0.9	5	10
10	氯甲烷	74-87-3	12	37	21	120
11	1, 1-二氯乙烷	75-34-3	3	9	20	100
12	1, 2-二氯乙烷	107-06-2	0.52	5	6	21
13	1, 1-二氯乙烯	75-35-4	12	66	40	200
14	顺-1, 2-二氯乙烯	156-59-2	66	596	200	2000
15	反-1, 2-二氯乙烯	156-60-5	10	54	31	163
16	二氯甲烷	75-09-2	94	616	300	2000
17	1, 2-二氯丙烷	78-87-5	1	5	5	47
18	1, 1, 1, 2-四氯乙烷	630-20-6	2.6	10	26	100
19	1, 1, 2, 2-四氯乙烷	79-34-5	1.6	6.8	14	50
20	四氯乙烯	127-18-4	11	53	34	183
21	1, 1, 1-三氯乙烷	71-55-6	701	840	840	840
22	1, 1, 2-三氯乙烷	79-00-5	0.6	2.8	5	15
23	三氯乙烯	79-01-6	0.7	2.8	7	20
24	1, 2, 3-三氯丙烷	96-18-4	0.05	0.5	0.5	5
25	氯乙烯	75-01-4	0.12	0.43	1.2	4.3
26	苯	71-43-2	1	4	10	40

续表

序号	污染物项目	CAS 编号	筛选值/(mg/kg)		管制值/(mg/kg)	
			第一类用地	第二类用地	第一类用地	第二类用地
挥发性有机物						
27	氯苯	108-90-7	68	270	200	1000
28	1, 2-二氯苯	95-50-1	560	560	560	560
29	1, 4-二氯苯	106-46-7	5.6	20	56	200
30	乙苯	100-41-4	7.2	28	72	280
31	苯乙烯	100-42-5	1290	1290	1290	1290
32	甲苯	108-88-3	1200	1200	1200	1200
33	间二甲苯，对二甲苯	108-38-3，106-42-3	163	570	500	570
34	邻二甲苯	95-47-6	222	640	640	640
半挥发性有机物						
35	硝基苯	98-95-3	34	76	190	760
36	苯胺	62-53-3	92	260	211	633
37	2-氯酚	95-57-8	250	2256	500	4500
38	苯并[a]蒽	56-55-3	5.5	15	55	151
39	苯并[a]芘	50-32-8	0.55	1.5	5.5	15
40	苯并[b]荧蒽	205-99-2	5.5	15	55	151
41	苯并[k]荧蒽	207-08-9	55	151	550	1500
42	䓛	218-01-9	490	1293	4900	12900
43	二苯并[a, h]蒽	53-70-3	0.55	1.5	5.5	15
44	茚并[1, 2, 3-cd]芘	193-39-5	5.5	15	55	151
45	萘	91-20-3	25	70	255	700

a 具体地块土壤中污染物检测含量超过筛选值，但等于或者低于土壤环境背景值水平的，不纳入污染地块处理。

表 2　建设用地土壤污染风险筛选值和管控值（其他项目）

序号	污染物项目	CAS 编号	筛选值/(mg/kg)		管制值/(mg/kg)	
			第一类用地	第二类用地	第一类用地	第二类用地
重金属和无机物						
1	锑	7440-36-0	20	180	40	360
2	铍	7440-41-7	15	29	98	290
3	钴	7440-48-4	20[a]	70[a]	190	350
4	甲基汞	22967-92-6	5	45	10	120
5	钒	7440-62-2	165[a]	752	330	1500
6	氰化物	57-12-5	22	135	44	270
挥发性有机物						
7	一溴二氯甲烷	75-27-4	0.29	1.2	2.9	12
8	溴仿	75-25-2	32	103	320	1030
9	二溴氯甲烷	124-48-1	9.3	33	93	330
10	1, 2-二溴乙烷	106-93-4	0.07	0.24	0.7	2.4

续表

序号	污染物项目	CAS 编号	筛选值/(mg/kg)		管制值/(mg/kg)	
			第一类用地	第二类用地	第一类用地	第二类用地
			半挥发性有机物			
11	六氯环戊二烯	77-47-4	1.1	5.2	2.3	10
12	2, 4-二硝基甲苯	121-14-2	1.8	5.2	18	52
13	2, 4-二氯酚	120-83-2	117	843	234	1690
14	2, 4, 6-三氯酚	88-06-2	39	137	78	560
15	2, 4-二硝基酚	51-28-5	78	562	156	1130
16	五氯酚	87-86-5	1.1	2.7	12	27
17	邻苯二甲酸二(2-乙基己基)酯	117-81-7	42	121	420	1210
18	邻苯二甲酸丁基苄酯	85-68-7	312	900	3120	9000
19	邻苯二甲酸二正辛酯	117-84-0	390	2812	800	5700
20	3, 3′-二氯联苯胺	91-94-1	1.3	3.6	13	36
			有机农药类			
21	阿特拉津	1912-24-9	2.6	7.4	26	74
22	氯丹 [b]	12789-03-6	2.0	6.2	20	62
23	*p*, *p*′-滴滴滴	72-54-8	2.5	7.1	25	71
24	*p*, *p*′-滴滴伊	72-55-9	2.0	7.0	20	70
25	滴滴涕 [c]	50-29-3	2.0	6.7	21	67
26	敌敌畏	62-73-7	1.8	5.0	18	50
27	乐果	60-51-5	86	619	170	1240
28	硫丹 [d]	115-29-7	234	1687	470	3400
29	七氯	76-44-8	0.13	0.37	1.3	3.7
30	*α*-六六六	319-84-6	0.09	0.3	0.9	3
31	*β*-六六六	319-85-7	0.32	0.92	3.2	9.2
32	*γ*-六六六	58-89-9	0.62	1.9	6.2	19
33	六氯苯	118-74-1	0.33	1	3.3	10
34	灭蚁灵	2385-85-5	0.03	0.09	0.3	0.9
			多氯联苯、多溴联苯和二噁英类			
35	多氯联苯（总量）[e]	—	0.14	0.38	1.4	3.8
36	3, 3′, 4, 4′, 5-五氯联苯（PCB126）	57465-28-8	4×10^{-5}	1×10^{-4}	4×10^{-4}	1×10^{-3}
37	3, 3′, 4, 4′, 5, 5′-六氯联苯（PCB 169）	32774-16-6	1×10^{-4}	4×10^{-4}	1×10^{-3}	4×10^{-3}
38	二噁英类（总毒性当量）	—	1×10^{-5}	4×10^{-5}	1×10^{-4}	4×10^{-4}
39	多溴联苯（总量）	—	0.02	0.06	0.2	0.6
			石油烃类			
40	石油烃（C_{10}～C_{40}）	—	826	4500	5000	9000

a 具体地块土壤中污染物检测含量超过筛选值，但等于或者低于土壤环境背景值水平的，不纳入污染地块处理。

b 氯丹为 *α*-氯丹、*γ*-氯丹两种物质含量总和。

c 滴滴涕为 *o*, *p*′-滴滴涕、*p*, *p*′-滴滴涕两种物质含量总和。

d 硫丹为 *α*-硫丹、*β*-硫丹两种物质含量总和。

e 多氯联苯（总量）为 PCB 77、PCB 81、PCB 105、PCB 114、PCB 118、PCB 123、PCB 126、PCB 156、PCB 157、PCB 167、PCB 169、PCB 189 十二种物质含量总和。